에너지 · 탄소배출권 다이제스트

에너지·탄소배출권 다이제스트

CERI 글로벌탄소배출권연구소
Global Carbon Emission Rights Institute

저자_ 김태선 I 이경재

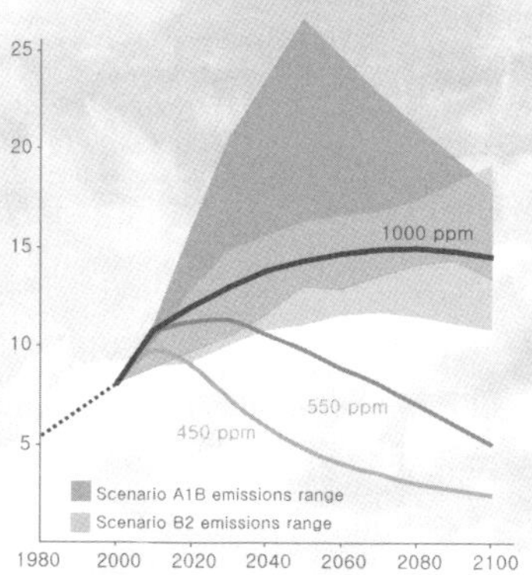

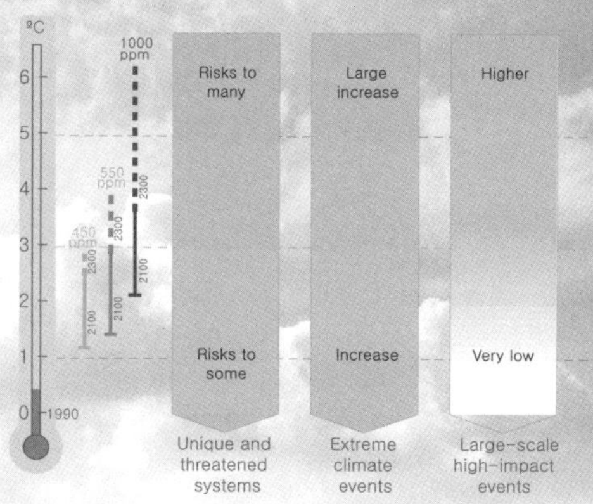

經文社

감사의 글

'글로벌탄소배출권연구소(http://www.gceri.co.kr)' 창업에 동참한 혈육지친(血肉之親), 수어지교(水魚之交)와 같은 멤버들에게 깊은 감사의 마음을 전합니다.

또한 어려운 경영 여건 속에서도 흔쾌히 출간을 허락해주신 도서출판 경문사 한헌주 대표님과 김재홍 부장님께 이 자리를 빌려 감사의 말씀을 드립니다. 아울러 난해한 원고를 잘 다듬어주신 편집부 한지윤 대리님께도 감사의 말씀을 올립니다.

글로벌탄소배출권연구소
김태선

들어가는 말

2015년 탄소배출권거래제도의 시행을 앞두고 탄소배출권시장에 대한 관심이 고조되고 있다. 탄소배출권시장은 에너지시장에서 파생된 가장 대표적인 시장이다. 교토의정서의 채택으로 EU국가들은 온실가스에 대한 감축이행이 법적으로 강제됨에 따라 온실가스 감축을 위한 다양한 CDM 사업과 기술개발에 힘쓰고 있다.

EU지역은 전력시장, 석탄시장, 천연가스시장, 탄소배출권시장 등 에너지시장에서 가장 앞서 있는 지역으로 전력공급업체 수만 4,000여 업체에 달하고 있다. 또한 역내 전력에 대한 수출입이 자유롭게 이루어지고 있어 화석연료가격 수준에 따른 연료전환이 빠르게 일어나고 있다.

온실가스를 가장 많이 배출하는 업종은 전력과 에너지부분으로 EU지역 전체 할당에서 차지하는 비중은 53.0%에 달하고 있다. 따라서 탄소배출권시장은 전력시장과 연계되어 있다고 해도 과언이 아닌 상황이다. 탄소배출권시장은 전력회사들에 의해 시장이 주도적으로 운영되고 있고 탄소배출권 수급을 결정짓는 주체이기도 하다.

탄소배출권에 대한 전반적인 이해증진을 위해서는 글로벌 기후·에너지정책에 대한 관심과 함께 화석연료를 기반으로 한 전력시장의 선행학습이 요구된다. 특히 에너지시장의 경우 대부분 축약된 약자로 표시되고 있어 용어에 대한 내용이해가 필요하다.

본 책은 탄소배출권시장에 대한 이해를 돕기 위해 기후 및 에너지시장에서 많이 언급되고 있는 용어에 대한 자세한 설명과 최근 시장에서 이슈가 되고 있는 핵심 키워드를 중심으로 구성하였다. 또한 지루함을 없애기 위해 쉬어가는 페이지를 추가하였다. 영문 용어의 경우 World Bank에서 공식적으로 사용되고 있는 약자와 함께 관련된 내용을 추가하였고 해석상의 오류를 피하기 위해서 원문 그대로 용어집을 구성하였다.

2012년 10월 GCF 유치로 녹색성장과 녹색기술에 대한 관심이 고조되고 있는 상황에서 탄소배출권거래제가 시행될 예정이다. 특히 우리나라의 탄소배출권시장은 EU-ETS를 벤치마킹하여 운영될 가능성이 크다. 따라서 본 용어집이 에너지 및 탄소배출권시장을 이해하는 데 다소나마 도움이 되었으면 하는 바람이다.

2013년 1월

김태선

에너지·
탄소배출권
다이제스트

CO_2

N_2O

ㄱ

공동이행제도(Joint Implementation, JI)

교토의정서에 규정된 것으로 선진국인 A국이 선진국인 B국에 투자하여 발생된 온실가스 감축분의 일정분을 A국의 배출저감실적으로 인정하는 제도임

과학기술자문부속기구(Subsidiary Body for Scientific and Technological Advice, SBSTA)

기후변화협약과 이행을 위한 관련된 과학, 기술적 자문을 당사국회의나 보조기구에 제공하기 위해 설치된 기구임. 각 정부대표전문가로 이루어진 여러 개의 전문분야로 구성되어 온실가스 배출통계방법론, 국가보고서 작성지침 등 기후변화협약의 과학기술적 측면에 대한 권고안을 만들어 당사국 총회의 요청이 있을 경우 당사국 총회에 제출하여 다른 부속기구에 전달토록 함

기준 배출량(Baseline)

당사국의 배출량 추이(Trends)를 의미함. 기준 배출량은 경제 성장률, 에너지 사용 증가율, 그리고 에너지 효율개선 및 에너지 절약 등의 요인에 의해 증가, 감소 혹은 일정한 추세를 보임. 특히 공동이행(JI), 청정개발체제(CDM) 프로젝트 수행 결과가 추가적인 점을 증명하기 위해 프로젝트 이행 이전의 기준 배출량이 결정되어야 함

기준년도(Historical Base Year)

감축목표 설정 시 이용되는 특정연도를 지칭. 선진국의 경우 '90년을 기준년도로 사용하고 있음

기후변화에 관한 정부간 협의체(Intergovernmental Panel on Climate Change, IPCC)

1988년에 세계기상기구(WMO)와 유엔환경계획(UNEP)에 의해 설립됨. 기후변화

에 관련된 과학적 · 기술적 사실에 대한 평가를 제공함

기후변화협약(United Nations Framework Convention on Climate Change, UNFCCC)

CO_2, CH_4, N_2O등 온실효과를 나타내는 가스에 의해 지구온난화현상이 심각한 지구환경 문제로 대두되면서 체결된 국제협약으로 각국의 온실가스 배출을 규제하기 위한 기본협약임. UNFCCC의 목적은 인간에 의해 발생된 기후시스템의 교란을 막는 수준에서 대기중 온실가스의 농도를 안정화시키는 것임. 각국은 기후변화를 방지하는 전략 및 계획을 수립하여 시행해야 하며 선진국은 CO_2 등의 온실가스 배출량을 2000년까지 1990년 수준으로 억제토록 노력할 것을 규정하고 있음. 1991년 UNCED 회의 때 채택되어 1994년 12월까지 106개국이 가입하였으며 한국은 1993년 12월 14일에 가입하였음

감축목표(QELROs: Quantified Emission Limitation and Reduction Objectives)

기준년도의 온실가스 배출량과 대비해서 양적으로 설정된 배출목표를 의미함. 현행 교토의정서는 각국의 사정에 따라 1990년 배출량 대비 8% 감축에서부터 10% 증가까지 허용함

감축의무(Quantified Emission Limitation and Reduction Commitment, QELRC)

각 당사국들에 할당된 부속서 B의 감축목표를 지칭하는 교토의정서의 공식 용어임

공시판매가격

OPEC(석유수출국기구)에 가맹 가입되어 있는 산유국이 소비국에 판매하는 석유가격으로 OPEC총회에서 정식으로 결정하는 가격을 공시판매가격(Official Sales Price)으로 함. 정부판매가격(GSP)이라고도 불리며, FOB(Free On Board: 본선인도) 가격으로 표시되고 있음

교토의정서

교토회의에서 채택된 의정서로 법적 구속력을 갖는 국제적 합의서이며, 총 27조와 부속서로 구성됨

국제환경협약(International Environmental Agreement)

환경을 보호하기 위해 체결되는 양자간 · 다자간 국제협약으로 주로 지구적 차원의 환경을 보전하기 위한 국가별 의무 또는 노력을 규정하고 있음. 현재 170여개의 국제환경협약이 체결되어 있으며 주요한 협약으로는 기후변화협약, 멸종위기에 처한 동식물보호협약(CITES), 바젤협약, 몬트리올 의정서, 생물다양성협약 등이 있음

국가보고서(National Communication)

기후변화협약상 모든 국가들은 온실가스 감축 노력을 객관적으로 평가받기 위해 온실가스 통계량, 온실가스 저감정책의 현황 및 향후 계획 등을 담은 국가보고서를 제출토록 되어 있음.(기후변화협약 4.1조와 12조) 특히 부속서Ⅰ(AnnexⅠ) 국가들은 협약 발효 후 6개월 이내에 제1차 국가보고서를 제출해야 하며 비부속서Ⅰ(Non-AnnexⅠ) 국가들은 협약 발효 후 3년 이내에 또는 부속서Ⅰ(AnnexⅠ) 국가들의 재정 · 기술지원이 충분히 이루어진 후에 제출하도록 되어 있음

궁극가채매장량

석유와 가스가 지하 저유암층에 존재하는 양을 매장량이라 하지만 실제로 유전을 개발한 경우 지표로 추출해 낼 수 있는 가채매장량은 실존하는 석유 총매장량의 일부에 지나지 않음. 이 중에서 채취의 경제적 기술적 조건을 무시하고 물리적으로 추출이 가능한 매장량을 궁극가채매장량이라 부르고 있음

그린 빌리지(Green Village)

신재생에너지로 필요한 에너지를 자급자족하는 약 50호 규모의 환경 친화적인 시범마을임

그린피스(Greenpeace)

네덜란드 암스텔담에 본부를 두고 1971년에 설립된 국제환경보호단체임. 환경훼손의 중지와 복구, 핵실험 중지, 해양생태계보전 등의 목표아래 적극적인 활동을 하는 단체로서 143개국에 4~5백만의 회원을 보유하고 있으며 30여 개국에 사무소를 두고 있음. 최근 유해폐기물의 국제이동, 공해상의 핵폐기물 투기활동 등에 대한 감시역할을 수행하고 있음

교토의정서란 무엇인가?

1995년 3월 독일 베를린에서 개최된 제1차 당사국 총회에서는 협약상의 감축의무만으로는 지구온난화 방지가 불충분함을 인정했음.

그 후 1996년 7월 스위스 제네바에서 개최된 제2차 당사국 총회에서는 각료급 회의에서 각료선언을 채택하고 제1차 총회 결정사항을 재확인했음. 그리고 1997년 12월 일본 교토에서 개최된 제3차 당사국 총회에서는 2000년 이후 선진국의 감축목표를 주요 내용으로 하는 교토의정서를 채택하였음.

온실가스 배출량을 줄이기 위해서는 경제적 비용이 막대하여 그동안 많은 논란에도 불구하고 구속력 있는 감축목표가 설정되지 못하였으나, 선진국들은 환경문제에 대한 국제사회의 여론 및 온실가스 배출에 대한 역사적 책임을 외면할 수 없어 감축목표에 합의하게 된 것임.

따라서 교토의정서는 온실가스 감축에 대한 법적 구속력이 있는 국제협약으로 전 세계 국가들이 지구 기후변화 방지를 위한 노력을 하겠다는 것과 이를 이행하기 위하여 누가, 얼마만큼, 어떻게 줄이는가에 대한 구체적 방법이 명시되어 있음.

ㄴ

난방일수(Degree Day)

24시간 동안의 평균외부 온도가 기본온도보다 낮아질 경우 두 온도 간의 차이로 나타낸 실험적인 단위. 난방일수는 건물의 난방 수용을 예측하는 데 쓰임

납사 분해시설(Naphtha Cracking Center, NCC)

납사를 스팀과 혼합하여 800℃ 정도의 고온에서 열분해함으로써 석유화학의 기초원료인 에틸렌(Ethylene, 폴리에틸렌의 원료), 프로필렌(Propylene, 폴리프로필렌의 원료), 부틸렌(Butylene, 합성고무의 원료)을 생산하는 시설로, 부산물로는 B.T.X.도 생산됨. Naphtha Cracker 또는 Steam Cracker라 불리기도 하며 규모를 말할 때 보통 에틸렌 생산 기준으로 말함

납사, 나프타(Naphtha)

넓은 의미로는 휘발성 석유류를 총칭하며, 좁은 의미로는 원유에서 직접 생산되는 유분으로 끓는점 범위 300℃~200℃에 있는 유분을 말함. 이 중 끓는점이 100℃ 이하인 것을 경질납사(Light Straight Run Naphtha, LSR)라 함. 경질납사는 주로 용제 및 석유화학의 원료로 사용되며(NCC의 원료), 중질납사는 개질시설(Reformer)을 통해 휘발유 제조나 B.T.X. 생산에 사용됨

누출(Leakage)

다른 곳에서 배출증가를 가져오는 배출저감정책 또는 활동의 간접적 효과를 말함. 예를 들면 화석연료의 대체는 연료가격의 하락과 다른 곳에서의 연료사용증가를 유발함. 토지사용변경과 산림활동의 경우 누출은 퇴출된 순탄소추정치의 예상치 못한 손실로서 정의될 수 있음. 산림 및 에너지부문의 CDM 및 JI사업에 있어서 누출은 예견되지 않는 상황임

내연기관(Internal Combustion Engine)

내연 주기에 따라서 작동하는 엔진, 열기관의 실린더 내에서 연료의 연소가 일어나 이 연소생성물이 동력 왕복운동의 작동매체가 되어 추진력을 발생시킨다. 휘발유, 디젤 그리고 가스를 사용하는 엔진들이 있음

뉴선샤인계획

일본 통상산업성 공업기술원은 1974년 신에너지기술에 대해서는 선샤인계획을, 1978년 에너지절약기술에 대해서는 문라이트계획을 각각 발족시켜 장기적인 시점에서 연구개발을 산 · 관 · 학의 연대 하에 추진하고, 1989년부터는 환경부에서 경감을 도모하기 위해 지구환경기술과 관련한 연구개발제도를 발족시키고 있음. 신에너지, 에너지절약 및 지구환경기술의 3가지 분야의 기술개발은 서로 중복되는 부문이 있지만 유기적인 연대를 꾀함으로써 에너지와 환경기술의 효율적이고 가속적인 추진을 이루기 위해 1993년 이들 3분야를 일체화한 뉴선샤인계획을 발족시킴

교토메커니즘이란 무엇인가?

대부분의 선진국들 안에서는 온실가스 배출량이 계속 증가되고 특정 국가 안에서만 줄어든다면 감축목표 달성이 어렵다고 판단되어, 이를 최소화하기 위한 목적으로 시장성원리가 도입된 교토메커니즘(Kyoto Mechanism)을 만들었음.

첫째, 공동이행제도(JI: Joint Implementation)

선진국 간에 공동으로 온실가스 감축사업을 할 때 이를 인정하는 것으로 선진국 간에 온실가스 감축에 서로 협력하도록 유도하는 제도임.

둘째, 청정개발체제(CDM: Clean Development Mechanism)

선진국이 개도국에 자본과 기술을 투자하여 온실가스 감축사업을 벌이고 이 과정에서 발생된 온실가스 배출감소량을 선진국의 감축실적으로 인정받고, 개도국은 사업과정에서 기술이전 및 재정지원의 혜택을 볼 수 있는 제도임.

셋째, 배출권 거래제(ET: Emision Trading)

온실가스 감축의무가 있는 국가에 일정한 온실가스 배출량을 정해서, 그 양이 많으면 온실가스 배출권을 판매하고, 적으면 부족한 만큼을 구입할 수 있도록 하는 것으로 온실가스 배출량이 한계를 넘을 경우 선진국 간의 거래를 허용하는 제도임.

ㄷ

당사국(Party)

기후변화협약에 가입한 국가(또는 지역경제통합기구)로서 규정에 의하여 법적인 의무를 강제하게 됨

당사국총회(Conference of the Parties, COP)

기후변화협약 관련 최종 의사결정기구이며 협약의 진행을 전반적으로 검토하기 위해 대체로 1년에 한 번 모임을 가짐. 제1차 총회는 '95년 베를린에서, 제2차 총회는 '96년 제네바에서, 제3차 총회는 '97년 교토에서, 제4차 총회는 '97년 아르헨티나에서 그리고 제5차 총회는 '99년 본에서 개최됨

대기질량 1조건(Air Mass 1 Conditions)

표준상태(해발 기준 고도)에서 지구의 대기를 실제로 통과한 광학적 진행거리와 지구의 대기를 수직방향으로 통과한 거리와의 비가 1일 때를 나타냄

* 실제로 통과한 대기질량은 태양고도의 secθ 값에 따라 변하며, 대기의 혼탁도 (turbidity)에 비례함

대류권(Troposphere)

지상으로부터 중위도에서 고도 약 10km까지 대기의 가장 낮은 부분(평균적으로 고위도 상에서의 고도 9km부터 적도 상에서의 고도 16km까지 분포하고 있음)으로서 구름과 날씨 현상이 일어나는 곳으로 대류권에서는 일반적으로 고도에 따라 온도가 감소함

도시가스(Town Gas, City Gas)

도시의 중앙공급원에서 도관을 통해 각 수요자에게 보내지는 연료가스. 근년에는 액화가스기술의 발전으로 천연가스를 공급하는 경향이 있음. 천연가스는 석

탄가스와 달라 유독한 일산화탄소 성분이 없고, 고열가스이므로 저장 및 수송에 유리함. 도시가스 성분은 단순화의 경향을 보이며, 수소연료가 개발되는 장래에는 도시가스도 그 주류가 될 것임

기후변화협약이란?

1. 기후변화협약이란?

UFCCC는 United Nations Framework Conversion on Climate Change의 약자로 지구온난화를 막기 위한 모든 온실가스의 인위적인 배출을 규제하기 위한 협약임.

- 정식 명칭: 기후변화에 관한 유엔 기본 협약
- 생물다양성협약과 함께 리우회의에서 채택되어 1944년 3월 21일 발효됨.
- 가입국이 되면 온실가스를 감축하려는 노력과 이에 관련된 정보를 공개해야만 함.
- 우리나라는 1993년 12월 기후변화협약에 가입하여 1994년 3월부터 적용받았음.

2. 기후변화협약의 특징

1) 국제 정치적 측면: 남북갈등(선진국 vs 개발도상국)

- 선진국: 효과적인 환경보전을 위해 개도국의 동참 필요
- 개발도상국: 지구환경보호 조치가 빈곤해소를 위한 개발권 및 경제성장을 제한해서는 안 된다고 주장

→ 선진국의 개도국에 대한 재정지원 및 기술지원은 의무

2) 경제적 측면: 비용과 혜택의 비대칭성

- 대응으로 인한 혜택은 불확실하고 먼 미래의 일
- 대규모 자본유치와 기술투자 구축이 시급함.

3) 역사적/윤리적 측면: 온실가스를 배출해 왔던 나라들과 현재 온실가스를 배출하는 나라 사이에서 갈등이 발생

ㄹ

로(Furnace)

물리적 또는 화학적 변화가 이루어지도록 물질을 높은 온도로 가열하기 위하여 설계된 용기로서 통상적으로 내부는 내화성 물질로 구성됨

* 산업용 로는 아주 다양한 목적으로 사용되고 있으며, 여기에 포함되는 것은 금속 용융, 철과 비철 금속의 열처리, 유리 생산, 도자기, 벽돌, 시멘트와 석회를 위한 가마의 가열 그리고 다수의 화학공정들임

녹색기후기금(Green Climate Fund, GCF)

이산화탄소의 증가로 지구온난화가 가속화되면서 지구촌은 각 지역별로 폭우와 극심한 가뭄, 남북극의 빙하 면적 감소 등의 원인으로 인한 해수면 상승, 식생변화 등 다양한 기후변화로 인한 피해를 입고 있음. 이에 녹색기후기금은 선진국들이 기금을 마련하여 기후변화로 인한 피해를 줄이고 이에 적응할 수 있도록 개발도상국을 지원하는 데 그 목적을 두고 조성된 기금을 관리하기 위해 설립된 국제기구임. 이는 지구온난화 방지를 위해 모든 온실가스의 인위적 방출을 규제하기 위한 유엔기후변화협약(UNFCCC)의 목적과 일맥상통하며, 복합적으로 발생하며 많은 피해를 일으키는 기후변화에 전 세계가 협력하여 대응하고자 하는 것임.

2010년 12월 멕시코 칸쿤에서 선진국들이 2012년부터 2020년까지 연간 1,000억 달러 총 8,000억 달러(약 900조 원)의 재원을 조성하는 녹색기후기금(GCF)을 유엔 상설기구로 설립하는 데 합의하였고, 2011년 12월 남아프리카공화국 더반에서 기금설계방안을 채택함. 재원 규모면에서는 8,450억 달러의 국제통화기금(IMF)에 버금가는 수준으로 '제2의 세계은행(WB)'

으로 불리며, 지구환경기금과 같은 기존 기후 관련 기금과 다르게 온실가스와 기후변화 대응에 재원을 집중적으로 투입한다는 점에서 차이가 있음. 2012년 10월 현재 GCF는 개발도상국과 선진국으로 구분된 총 24개국의 이사국과 대리이사국으로 구성되어 있고 우리나라는 개도국의 대리이사국에 소속되어 있음. GCF 사무국은 2012년 10월 20일 인천 송도로 최종 결정되었고, 11월 말 카타르에서 열린 제18차 유엔기후변화협약 당사국 총회의 승인을 거쳐 2013년 공식 출범할 예정임.

GCF 이사국 현황(2012년 10월 현재)

그 룹		이사국(24개국)
개발도상국 (12)	아시아 · 태평양(3)	인도, 인도네시아, 중국
	중남미(3)	멕시코, 벨리즈, 콜롬비아
	아프리카(3)	남아공, 베냉, 이집트
	군소 도서국(1)	바베이도스
	최빈 개도국(1)	잠비아
	기타(1)	조지아(그루지야)
선진국 (12)	EU(7)	독일, 덴마크, 스웨덴, 스페인, 영국, 프랑스, 폴란드
	비EU(5)	노르웨이, 러시아, 미국, 일본, 호주

자료: 기획재정부

ㅁ

메이저(International Oil Majors)

거대자본을 배경으로 채유에서 판매에 이르는 각 단계를 세계적인 규모로 완전히 장악하여 종합경영을 하는 석유회사를 메이저 또는 국제석유자본이라 함. 엑슨모빌, 텍사코, 스탠다드 캘리포니아, 걸프, 브리티시 페트롤리엄(BP), 로얄 더취셸의 7개사를 7대 메이저(세븐 시스터즈)라 부르고 있음. 중동, 남미, 아프리카 지역에서 전면적인 국유화가 이루어짐에 따라 메이저의 자산시설은 대부분 산유국에 접수되어 원유의 지배력도 없어짐. 걸프는 '83년 유럽대륙의 판매 · 정유시설을 쿠웨이트 국영 석유회사에 매각하였고, 더욱이 '84년 3월 스탠다드 캘리포니아에 흡수, 합병되어 모습을 감춤

메탄발효(Methane Fermentation)

일반적으로 대부분의 유기물은 혐기성균의 공동작용에 의하여 분해되며, 메탄과 이산화탄소를 생성하는 발효를 말함. 제1단계는 복잡한 화합물이 간단한 화합물 특히 저급지방산으로의 분해이고 제2단계는 메탄과 이산화탄소의 분해임. 메탄발효는 제2단계 분해를 말하며 이것에 관여하는 세균을 메탄세균이라고 총칭함. 발효온도는 중온과 고온이 있고, 후자의 경우 전자보다 유기물의 분해속도가 빠름. 도시발기물의 메탄 분해소화에 의한 환경오염 방지 및 에너지절약 효과를 얻을 수 있음

무연 고체연료(Solid Smokeless Fuel)

천연 그대로 또는 특별한 처리를 하여 태울 때 배출되는 가스 중 눈에 보이는 고체나 액체물질(예: 회분, 매연, 타르)의 함량이 극히 적은 연료

미이용 에너지(Unused Energy)

도시내부, 공장 등에서 생활, 업무, 생산, 활동의 결과로 생겨나 그대로 혹은 유

효하게 회수되지 않고 환경에 방출되는 다양한 온도의 열에너지로 자연에 풍부히 존재하며 그 활용이 도시환경에 생태학적으로 영향을 주지 않는다고 생각되는 자연에너지를 말함

우리나라 온실가스 배출량 세계 순위

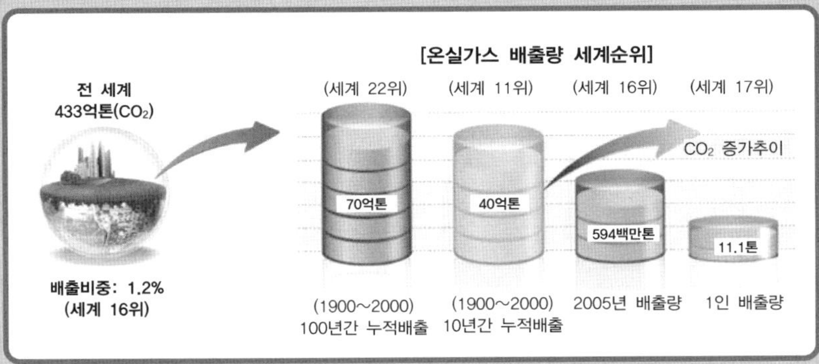

자료: 녹색성장위원회(2010)

ㅂ

바이오에너지

동, 식물 또는 파생 자원(바이오매스)을 직접 또는 생 · 화학적, 물리적 변환과정을 통해 액체, 기체, 고체연료나 전기 · 열에너지 형태로 이용하는 것임. 연료용 알콜, 메탄가스, 매립지가스(LFG), 바이오디젤 등을 생산하여 에너지원으로 활용하는 기술로서 차량용, 난방용 연료 및 발전분야 등에 이용이 가능함

바이오가스(Biogas)

혐기적 소화작용으로 바이오매스에서 생성되는 메탄과 이산화탄소의 혼합형태인 기체를 말함. 이러한 혼합기체로부터 분리된 메탄을 바이오메탄가스라고 함. 그 외 바이오가스의 형태로는 퇴비가스, 습지가스, 폐기물 등의 자연적으로 생성되는 것과 제조된 가스도 있음

바이오디젤(Biodiesel)

자연에 존재하는 각종 기름(fat, lipid) 성분을 물리적 화학적 처리 과정(에스테르 공정)을 거쳐 석유계 액체연료로 변환시킨 것을 말함. 특히 Biodiesel이란 용어는 오스트리아 "Bioenergie사"에서 개발한 등록상표로서 일반적으로 각종 동식물유로부터 전환된 디젤을 지칭하는 일반용어로 사용되고 있으나 상표명에 대한 법적 권리는 등록회사에 귀속하고 있음

바이오에탄올

에탄올은 화학적 합성도 가능하지만 생물공정으로도 생산되고 있음. 술을 제조하는 공정에서와 마찬가지로 당을 생성하는 작물로부터 추출된 당을 효모나 박테리아의 발효를 통하여 생산되는 것임. 옥수수와 같은 전분을 원료로 하는 경우에는 산이나 아밀라아제로 불리는 효소로 먼저 전분을 포도당으로 전환하여 발효하게 됨

바이오매스

원래 바이오매스의 뜻은 생물량 또는 생물 현존량을 나타내는 말이나 생물체 및 그의 활동에 수반되어 생기는 유기물의 총체를 말함. 그러나 최근에는 에너지, 화학공업 원료 등에 사용될 수 있는 것을 망라해서 동식물의 자원을 지칭하며, 이것으로 생기는 폐기물도 포함됨. 바이오에너지는 유가리, 아오산코 등 연료용 식물의 재배 등을 통해 대량의 에너지를 얻을 수가 있음. 농산물의 폐기물로는 설탕수수대와 부스러기 외 우돈(牛豚) 등의 가축분뇨 쓰레기도 있음

바이오매스 자원(Biomass Resources)

에너지원 또는 화학공업용으로 이용될 수 있는 일정규모로 집적한 생물체를 말함. 목재와 같이 태워서 연료로 하는 것, 수액처럼 분해하여 석유의 형태로 이용하는 것, 혹은 식물 중의 전분처럼 발효시켜 알콜화하여 사용하는 것이 있음. 농축산폐기물이나 도시쓰레기 등의 미이용 자원도 포함됨

발열량

단위량의 연료가 일정조건 하에서 완전 연소한 경우에 내는 열량. 가열성 연료의 경우 발열량은 두 가지로 정의됨. 첫째는 총발열량으로서 완전연소시의 이론적 최대방출열량을 의미하고(연소 중 발생하는 수증기의 증발에 의한 잠열을 포함), 둘째로는 총 발열량에서 연료의 연소시 생성된 물의 증발 잠열을 제외한(회수할 수 없는 것으로 간주되는) 순발열량임. 세계동력회의 권고안을 포함하여 IEA와 IPCC의 경우 에너지 발란스에서는 순발열량이 통상적으로 사용됨

BP통계

국제석유자본(메이저) 중의 하나인 British Petroleum(BP)사에 의해 발표되는 에너지에 관한 통계자료, 통계는 석유를 제외한 에너지 전반에 걸쳐 있으며, 에너지통계 중에서는 세계적으로 권위가 있음

배럴

석유 용량의 단위이지만, 본래는 「중간부분이 부풀은 통」을 의미함. 미국 펜실베니아 주의 E. L. 도르크가 1859년 처음으로 석유의 기계 채유에 성공해 50갤런

의 나무통에 채워 판매함. 당시는 수송중의 취급이 조악했었기 때문에 도중에 석유가 새어 42갤론 정도가 되는 경우가 많아, 이것이 현재 1배럴 = 42갤런의 기원이 되었음. 환산율은 1배럴 = 42갤런 = 5.6146ft_3 = 159ℓ임

배출권거래(Emission Trading, ET)

교토의정서 제17조에 규정되어 있으며, 온실가스 감축의무가 있는 선진국 간 배출 쿼터를 부여한 후 동 국가 간 배출쿼터의 거래를 허용하는 제도임

배출한도량(Assigned Amount)

의무이행 기간 동안 각국이 배출할 수 있는 온실가스 총량을 의미하고 있으며, 현행 교토의정서는 1990년 배출량×감축목표×의무이행 기간(5년)으로 각국의 배출한도량을 계산함

부생가스

석탄에 열을 가했을 때 부산물로 생성되는 가스로 주로 제철공장의 공정 등에서 많이 생성됨

분산형 전원(Dispersed Generation System)

원자력이나 대용량 화력 등과 같은 집중적이고 대용량이 아닌 소용량의 전력저장시스템이나 발전시스템을 일컫는 말로서, 수력, 태양광, 바이오, 풍력 등의 신재생에너지 전원, 소용량의 열병합발전시스템, 전기 등을 이용한 전력 저장시스템을 예로 들 수 있음. 기존 전력회사의 대규모 집중형 전원과는 달리 소규모로 소비지 근방에 분산배치가 가능함

바이오매스 생물에너지

나무, 곡물, 식물, 농작물찌꺼기, 축산분뇨, 음식쓰레기 등 생물체를 태우거나 열분해 발효 또는 에스테르화시켜 발생하는 에너지를 다양하게 이용할 수 있음. 바이오가스, 바이오디젤 등은 이러한 바이오매스를 이용한 에너지원임. 바이오매스를 이용할 때 배출되는 CO_2는 바이오매스의 성장과정에서 재소비되므로 탄소순환의 한 과정으로 볼 수 있음. 그렇기 때문에 바이오매스는 CO_2 배출을 줄이는

대안적 에너지로 여겨짐. 또한 지구상에서 1년간에 생산되는 바이오매스는 석유의 전체매장량과 맞먹으며 적정하게 이용하면 고갈될 염려도 없음. 그리고 지방의 특색을 살릴 수 있기 때문에 로컬 에너지라고도 함

버블(Bubble)

교토의정서 4조에서 국가 간 연합을 통해 부속서Ⅰ 국가들의 공동감축 목표 달성을 허용한 것을 나타냄. EU 15개국이 개별국가의 사정에 따라 책임을 분담하여 교토의정서에서 EU 국가들에 설정된 8% 감축목표를 공동달성할 수 있음

부속서 A(Annex A)

교토의정서가 지정하는 여섯 가지 온실가스와 그 가스들을 방출하는 분야 및 방출원 목록임

부속서 B(Annex B)

교토의정서가 제시하는 부속서Ⅰ 국가들의 첫 의무이행기간 동안의 기준년도에 대한 배출한도 및 감축목표를 정함

배출권거래제(Emission Trading, ET)

교토의정서 제7조에 규정된 것으로 온실가스 감축의무가 있는 국가에 배출쿼터를 부여한 후 동 국가 간 배출쿼터의 거래를 허용하는 제도임

배출감소단위(Emmision Reduction Unit, ERU)

공동이행(JI)계획에서 부속서Ⅰ의 투자 국가들은 각각의 프로젝트가 줄이는 온실가스 감축량에 비례해 ERU를 받게 됨. 투자 국가들은 교토의정서 하에서 할당된 양에 이 ERU를 더할 수 있고 반면에 투자를 유치하게 되는 나라는 이 ERU만큼 할당량에서 공제하게 됨

배출한도량(Assigned Amount Unit, AAU)

교토체계 하에서 EU국가를 제외한 국가들에 할당된 배출권

배출한계선(Baseline Emissions)

온실가스를 줄이려는 아무런 조치도 없었을 때의 배출전망치의 배출량. 배출한계선은 온실가스 감축정책이나 수단의 효과를 비교하기 위해 산정됨

비준(Ratification)

협약 혹은 의정서의 채택사항을 확인하는 절차에 불과한 서명(Signature)과는 달리 협약 혹은 의정서에 따른 법적 의무를 부담하겠다는 선언을 의미함

박막 태양전지(Thin Film Solar Cells)

비정질실리콘, CuInSe2 등의 화합물반도체를 소재로 한 것으로, 두께 수㎛ 내외로 유리 등의 기판 위에 박막형태로 만든 태양전지임

반사율(Reflectance/Reflection Factor)

어떤 물체의 표면에서 반사된 복사에너지와 같은 표면에 입사된 총 복사에너지와의 비임

* 이를 더 세분하면, 단색반사율(reflectivity: 어떤 주어진 파장에서 반사된 복사에너지와의 비)과 반사계수(reflection coefficient: 파장의 범위가 주어졌을 때 태양복사에너지의 스펙트럼 분포에 따라 가중치를 고려 계산된 평균반사율)로 구분됨

발광효율

백열전구나 형광등 같은 광원으로부터 방사된 광의 시감량을 소비전력으로 나눈 값. 즉 lm/W를 말함. 소비전력에 비해서 시감량이 클수록 그 광원의 에너지효율이 크다고 할 수가 있음. 형광등의 발광효율이 백열전구에 비해 약 3배 정도나 큼

발전기

발전기는 유도발전기와 동기발전기로 분류되며, 유도발전기는 계통선 연계용으로, 동기발전기는 벽지, 오지 등 독립된 발전소에 사용됨

발효(Fermentation)

발효과정은 초기물질(바이오매스)보다 더 간단한 화학구조의 물질이나 에너지를

생산하기 위해 미생물과 이들의 효소에 의해 이루어지는 대사과정을 말함

배분 네트워크(Distribution Network)

전기에너지, 천연가스, 지역난방 지역이나 관심의 대상에 있는 압축공기의 분배에 사용되는 네트워크임

배송 네트워크(Transmission Network)

하류에 위치한 분배 네트워크에 에너지(탄화수소, 전기, 열 등)를 송신하는 네트워크임

배전선로/계통(Distribution Network/System)

배전변전소에서 실제 전기를 사용하는 장소의 인입점까지 설치된 전선로와 계통임

배터리(Battery)

Cell이 하나 이상 직렬 혹은 병렬로 연결되어 어떤 부하에 대응할 수 있도록 고안된 장치를 의미함

베를린위임사항(Berlin Mandate)

제1차 당사국총회의 결정사항으로 협약상 2000년까지 온실가스 배출을 1990년 수준으로 감축시킬 것을 목표로 정책 조치를 취한다는 선진국의 공약(Commitment)이 부적절하다고 결론짓고 '97년 말까지 2000년 이후 구속력 있는 감축의무를 정하도록 함

복사도(Emissive Power)

일정 온도와 주변조건이 주어졌을 때 어떤 표면에서 단위면적당 복사되는 총에너지

복사율(Emissivity)

같은 온도와 조건에서, 어떤 한 표면이 실제 복사하는 에너지와 이 표면을 완전

흑체(Perfect Black Body)로 가정했을 때 복사되는 에너지와의 비임

부속기구(Subsidiary Body)

당사국총회를 보조하기 위한 위원회를 말함. 협약에 의해 규정된 2개의 영구적인 부속기구인 이행자문 부속기구(SBI)와 과학기술자문 부속기구(SBSTA)가 있음

부속서 Ⅰ 국가(Annex Ⅰ Nation)

기후변화협약상 구속력 있는 감축의무를 부담하는 국가임. 협약채택 당시에는 35개국이었으나, '97년 제3차 당사국총회 시 크로아티아, 슬로바키아, 슬로베니아, 모나코, 리히텐슈타인 등 5개국이 추가로 가입하여 현재 40개국임

부속서 Ⅱ 국가(Annex Ⅱ Nation)

Annex Ⅰ 국가에서 동구권국가가 제외된 국가군으로 OECD 24개국과 EU임

비당사국(Non-Party)

기후변화협약을 비준하지 아니한 국가로 옵저버(Observer)로 회의에 참가할 수는 있음

부하요인(Load Factor)

최대치를 반영하는 연속적인 사용이나 동 기간 내에 일어나는 다른 특별한 수요에 기인하는 소비에 대한 특정한 기간(년, 월, 일 등) 내의 소비 비율임

부하율(Energy Capability Factor)

어느 기간 중의 평균전력을 그 기간 중의 최대전력으로 나눈 것으로, 백분율로 표시되며 연부하율, 월부하율, 일부하율로 구분할 수 있음

* 부하율(%) = 평균전력(KW) / 최대전력(KW) × 100

* 월부하율(%) = 1개월의 소비전력량(KWh) / P × 720 × 100

* 단, P = 최대전력, 계약전력 또는 설비전력임

분쇄(Size Reduction)

원료물질들은 부수거나, 갈거나 빻아서 작게 만드는 과정. 분쇄(Crushing)는 비교적 거칠게 입자들을 분말화하는 것을 통상 의미하여 이에 비해 제분(Grinding)과 미분화(Pulverising)는 상대적으로 미세한 입자들을 만들어내는 것을 뜻함

분해정제시설(Cracking Refinery)

Hydroskimming Refinery에 분해시설을 추가한 형태의 정유시설을 말하며, 분해시설은 주로 RFCC나 FCC를 말함. 분해시설을 통해 부가가치가 낮은 연료유를 고부가가치의 경질제품으로 전환시킬 수 있어 수익성이 증대하며, 동시에 원유에 대한 의존도도 낮아져 안정적인 운전이 가능함

브라운 아스팔트(Blown Asphalt)

연질의 스트레이트 아스팔트(일반 아스팔트)를 가열하여 공기를 불어넣어 산화, 중합 등의 반응을 일으켜 만든 아스팔트로, 스트레이트 아스팔트보다 더 단단하고 연화점이 높으며 온도에 대한 변화가 작아 방수공사, 루핑, 전기 절연재료 등에 사용됨

브라운가스

물을 전기분해하면 수소와 산소가 2:1의 부피비로 생성되는데 이 혼합가스를 브라운가스라고 하며, 주로 용접, 특수가열 등의 용도로 사용됨

비 · 티 · 엑스(BTX, Benzene Toluene Xylene)

납사의 접촉개질 등을 통하여 생산된 방향족 화합물로 벤젠, 톨루엔, 자일렌을 말함

비 · 티 · 유(BTU, British Thermal Unit)

열량을 나타내는 단위의 하나로 1BTU=252cal임

비 · 피 · 시 · 디(BPCD, Barrel Per Calender Day)

연간 총 처리물량을 365일로 나눈 값으로 시설의 생산능력보다는 제품의 수요

등을 표시할 때 주로 사용하는 단위임

비 · 피 · 에스 · 디(BPSD, Barrel Per Stream Day)

연간 총 처리물량을 실제 가동일수로 나눈 값으로 시설의 규모를 표시할 때 주로 사용함. 일반적으로 모든 시설은 1~2년에 한 번씩 정기보수를 위해 가동을 중지하며 1년중 평균 가동일수를 계산하여 처리용량을 산출함으로서 하루에 실질적으로 처리가능한 규모를 표시함. 보통 연간 가동일수는 330일 또는 365일의 90%를 기준으로 함

비연료유(Non-Fuel Oil)

에너지발생을 위한 연료가 아닌 연료 등으로 사용되는 유종을 말하며 이에는 납사, 용재, 아스팔트가 포함됨

우리나라 온실가스 배출 현황

1990년 이후 우리나라의 온실가스 배출량은 에너지다소비산업의 빠른 성장과 국제유가 안정 등으로 온실가스 배출 증가율도 증가하였으나, 배출량 증가율 추이는 1999년 이후 매년 감소 추세를 보이고 있음.

1990~2007년 기간 동안 305.4백만tCO_2에서 620백만tCO_2로 314.6백만tCO_2이 늘어나 연평균 6.1%의 증가세를 기록하였음.(총배출량 기준)

부문별 온실가스 배출량

구분	1990	1995	2000	2005	2007	1990~2007년 증가율(%)	연평균 증가율(%)
총배출량(배출원)	305.4	461.2	534.4	596.7	620.0	103.0	6.1
순배출량(배출원과 흡수원)	281.6	440.0	497.1	564.7	583.7	107.3	6.3
에너지부문	247.8	372.2	438.8	498.9	525.4	112.0	6.6
산업공정	19.9	47.1	58.3	64.8	60.9	206.0	12.1
농업·축산	15.2	22.4	20.6	18.2	18.4	21.1	1.2
폐기물	22.5	19.5	16.7	14.7	15.3	−32.0	−1.9
토지이용변경 및 임업(흡수원)	−23.7	−21.2	−37.2	−32	−36.3	53.2	3.1

주: 1. 업데이트 일자 : 2010.1.11

2. tCO_2 : Tons of Carbon Dioxide(이산화탄소톤)

자료 : 에너지경제연구원(단위 : 백만tCO_2 eq, %)

온실가스별 배출량

구분	CO_2	CH_4	N_2O	HFCs	PFCs	SF_6	총배출량
1990	257.7	43.8	3.0	1.0	NA	NA	305.4
1995	401.4	34.5	13.9	5.1	NA	6.3	461.2
1996	438.9	35.5	14.5	5.8	0.9	17.0	512.6
1997	465.4	34.7	15.3	7.1	2.1	11.5	536.2
1998	399.9	30.5	15.7	4.9	2.3	6.0	459.4
1999	435.0	30.6	16.3	8.0	1.9	10.7	502.6
2000	466.1	29.1	16.9	8.4	2.3	11.7	534.4
2001	481.8	29.0	16.6	5.8	2.1	18.5	553.8
2002	502.8	29.1	16.4	8.6	2.1	15.6	574.6
2003	511.8	28.5	19.9	6.4	2.3	17.4	586.3
2004	518.5	27.4	22.8	6.5	2.7	15.9	593.9
2005	526.0	23.8	20.8	6.6	2.8	16.7	596.7
2006	533.6	23.8	18.7	6.0	2.7	17.8	602.6
2007	554.6	24.4	11.7	7.3	2.9	19.2	620.0

주: 1. 업데이트 일자 : 2010.1.11
2. NA : Not Available
3. 토지이용변경 및 임업부문의 배출/흡수량 제외
자료 : 에너지경제연구원(단위 : 백만tCO_2 eq)

ㅅ

석탄가스화복합발전(Integrated Gasification Combined)

석탄을 가스화하여 정제한 후 가스터빈연료로 사용하여 발전하고 그 배열을 이용하여 증기를 발생시킴으로서 증기터빈을 구동하는 복합 발전시스템임

시장경제전환국가(Economiesin Transition, EIT)

중부 및 동유럽과 구소비에트 연방소속국가들로 시장경제로 전환중에 있으며 Annex I 국가 중 벨라루스, 불가리아, 에스토니아, 라트비아, 리투아니아, 루마니아, 러시아, 우크라이나, 크로아티아, 슬로바키아, 슬로베니아 등 11개국임

소수력발전

설비용량 10,000kW 이하의 수력발전. 여타 신재생에너지원에 비해 에너지밀도가 높고 경제성이 우수한 에너지원이며, 소수력발전 시스템은 수차, 발전기 및 전력 변환장치 등으로 구성되어 있음

사무국(Secretariat)

COP의 원활한 운영을 위해 운영되며 회의 일정 관리, 각종 보고서와 의견 수집, 국제 기구 관련 활동 조정 등의 역할을 함. 기후변화사무국은 UN과 조직적으로 연결되어 있음

산란일사량(Diffuse Radiation)

전체일사량 중에서 직달일사량을 제외한 부분, 즉 태양면에서 직접 입사되는 일사량을 제외한 모든 방향으로부터 도달되는 일사량을 의미. 태양광이 대기층을 지나는 동안 확산되고 지상의 물체에도 반사되어 방향이 변화

산성비(Acid Rain)

대기중 황산염과 질산염의 방출로 인하여 산성이 증가된 습식 또는 건식비, 산성비와 건식의 산침적물은 호수, 강 그리고 지하수를 산성화시켜 그 결과 어류 및 수상 생태계와 식물에 손상을 주어 산림을 파괴하는 작용을 하게 함

상압증류탑, 상압증류 시설(Crude Distillation Unit, CDU)

A-Tower, A-Column, Topper, Topping Column이라고도 불리며, 원유를 비등점의 차이에 따라 LPG, Naphtha, Kerosene, Diesel, B-C유로 분리하는 시설. 이 시설은 원유를 구성하고 있는 성분들이 일정한 압력과 온도하에서 기체로 증발되려는 성질이 각각 다른 점을 이용하며, 이에 따라 탑 내부의 온도와 압력을 높이에 따라 점차 변화시켜(상부로 갈수록 온도와의 압력이 낮아짐) 혼합되어 있는 유분을 각각의 유분으로 분리하는 시설임. CDU는 대기압과 비슷한 상압에서 운전되기 때문에 상압증류탑이라 불리며, 내부에 약 40~50여 개의 단(Stage)으로 구성되어 있고, 원유는 열교환기 및 Heater(가열로)를 통해 약 350℃로 가열되어 투입됨. 각각의 Tray는 기포를 발생시키기 쉬운 구조의 캡형태(Bubble Cap Tray), 작은 구멍이 뚫려 있는 형태 또는 밸브가 설치된 형태의(Valve Tray) 철판으로 되어 있어 윗단에서 응축되어 내려오는 액상성분과 아랫단에서 기화하여 올라오는 기상성분의 접촉을 원활히 하여 기 · 액 평형이 쉽게 이루어지도록 고안되어 있음

생화학적 산소 요구량(Biochemical Oxygen Demand, BOD)

수질 유기오염 지표의 하나로, 물 속의 호기성 미생물에 의해 일정기간(보통 5일)에 소비되는 용존 산소량을 말함. BOD는 생물에 의해 신진대사가 되기 쉬운 유기물에 대한 영향을 나타내는 것으로 보통 하천의 오염도를 나타낼 때 사용함

서명(Signature)

협약/의정서의 채택사항을 단순히 확인하는 절차임

서부텍사스중질유(West Texas Intermediate, WTI)

WTI 원유는 대표적인 경질(API 40도), 저유황(황함량 0.40%) 원유로 미국 국내

및 아메리카 권역의 기준유종이며, 생산량은 '93년 500천b/d에서 '96년 450천 b/d로 감소하고 있는 추세임. 주로 Oklahoma의 Cushing과 Texas의 Midland를 중심으로 한 현물거래 및 NYMEX에서의 선물거래가 WTI의 주된 거래형태임. WTI 원유의 가장 큰 거래상 특징은 미국 내에서만 사용될 수 있을 뿐 국제시장으로의 반출이 허용되지 않음에도 WTI가 국제원유시장의 주요 기준유종이 되고 있는 점임

석유대체에너지(Substitute Energy for Petroleum)

석유를 대신하는 에너지의 총칭으로 원자력, 석탄, LNG, 태양에너지, 지열에너지, 바이오매스 에너지, 수소에너지 등이 있음

석유환산톤(TOE / Ton of Oil Equivalent)

열량의 비교를 위한 것으로 타 연료의 열량을 원유기준으로 환산한 양으로 원유 1kg=10,000kcal로 환산하여 기준한 것이고 1toe는 107kcal이다. 동 단위는 무게가 환산기준이므로 통상 부피로 계량하는 석유제품, 도시가스 등은 부피를 무게로 환산하는 과정이 선행되어야 함. 프로판 1톤=12.38BBL, 부탄 1톤=10.88bbl

(예: 휘발유 1bbl의 석유환산톤으로의 전환과정 1bbl=158.988liter, 1liter=8,300kcal이므로 휘발유 1liter는 원유 0.83kg에 해당. 따라서 1bbl=0.83kg/liter 158.988 liter/bbl=132kg(석유환산) 즉, 1bbl=0.132toe.)

석회 가마, 시멘트 가마(Lime Kiln, Cement Kiln)

석회 또는 시멘트를 제조하는 수직 가마 또는 수평회전 가마임

선로계통(Network System)

발전된 에너지를 최종소비자에게 공급하기 위한 선로들의 집합

선진국 수뇌회의

통칭 서미트라 불림. 제1차 석유위기 후의 세계경제의 불황극복과 안정적 확대를 목적으로 당시 프랑스 대통령의 제창으로 1975년부터 매년 1회 개최되고 있

는 선진각국의 수뇌회의로 참가국은 프랑스, 독일, 이탈리아, 일본, 영국, 미국, 캐나다 7개국과 유럽공동체(EC)

선택흡수면(Selective Surface)

표면의 광학적 성질이 입사되는 복사에너지의 파장에 따라 다른 표면임. 예를 들면 태양광에 대해서는 높은 흡수율을, 적외선에 대해서는 낮은 복사율을 갖는 표면으로 장파장의 적외선을 반사하는 덮개판을 말함

* 상기의 선택흡수면으로 구성된 집열기를 선택흡수형 집열기(selective collector)라 함

설비용량(P)

낙차와 유량의 함수로서 P(kW) = 9.8 * Q(㎥/sec) * H(m) * η (시스템효율)로 표시됨

설비형 태양열 시스템

태양열로부터 온도가 상승된 집열매체의 이동을 펌프나 휀과 같은 동력장치를 사용하여 축열조나 이용부로 이동시키는 태양열 시스템임

설비형 태양열난방(Active Solar Heating)

건물에 입사되는 태양에너지의 일부를 열교환매체(Heat Exchange Medium)로 전달하기 위하여 집열기를 사용하는 시스템으로 펌프나 송풍기와 같이 타에너지를 필요로 하는 기계의 사용이 필수적이며 에너지 저장조에 축열된 에너지는 기존의 난방시스템에 의해 필요한 공간으로 적절히 분배됨

성형 코우크스(Formed Coke)

제철용으로 사용하기 위해 성형탄이나 펠렛형탄으로부터 만들어진 코우크스임

성형탄(Briquette)

전처리를 한 미분 고체연료를 접합제(Binder)를 사용하거나 사용하지 않은 채 압축기에서 압축을 하여 일정한 모양으로 만든 연료임. 원탄이나 성형탄의 입자크기는 궁극적으로 사용할 연료의 목적에 맞게 변경할 수 있음

셀(Cell)

화학에너지를 전기에너지로 변환하여 방출할 수 있는 기본적인 전기화학단위를 의미함

소각로(Incinerator)

반고형물, 액체, 또는 기체 연소성 폐기물을 인화소각하여 가연성 성분이 거의 없는 상태의 잔류 고형물로 배출시키는 장치임

소내소비(Power Station Internal Consumption, Station Service Consumption)

발전기 변압기에서의 전력손실 운휴상태에서 소비하는 전력 등을 포함한 발전소 내의 부대설비에서 소비되는 전력임

송전선로/계통(Transmission Network / System)

광역적인 전력수송을 위해 발전소와 배전소 사이를 연결하는 전선로와 계통임

수락(Accession)

국제 조약 및 협약에 대한 수락 또는 가입. 비준과 동일한 법적 효력을 가짐

수반가스(Associated Gases / Casinghead Gases)

석유와 함께 부존되어 있는 천연가스, 수반가스에는 고급 탄화수소가 많은 비율로 포함되어 있는 경우가 있음. 수반가스는 지하 저유층 속의 온도와 압력으로 석유에 용해(Solution Gas)되어 있거나, 혹은 저유층 속에서 석유층 상부에 가스 상태로 Cap을 형성하기도 함(Gas-Cap Gas). 미국과 캐나다에서는 “수반가스”를 저유층 내에서 원유에 용해된 가스로 지칭하지 않고 직접 채취한 천연가스를 지칭함

수소(Hydrogen)

원소기호로 H로서 가장 가볍고 우주에서 가장 풍부한 원소임. 일반적으로 분자상태로 존재하며, 물이나 유기물의 형태로 존재함. 신재생에너지를 이용하여 만들 수 있고 1차에너지의 변환 형태로 보기 때문에 에너지담체 또는 에너지매

체라고도 함

수소에너지

수소를 연소시켜서 얻는 에너지임. 이 에너지는 원료에 자원적인 제약이 없고, 태운 경우의 생성물은 물뿐이므로 깨끗하며 자연의 순환을 교란시키지 않고, 파이프 수송이 가능하므로 경제적이고 효율적 수송이 가능하며, 에너지 저장의 수단이 된다는 특색이 있음. 열원으로서의 이용 이외에 자동차연료, 항공기연료 등으로 이용분야가 넓음

수소에너지경제(Hydrogen Energy Economy)

수소에너지를 에너지매체로 하는 경제체제

수소불화탄소(HFCs)

불연성 무독성 가스로 취급이 용이하며, 화학적으로 안전하여 냉장고 및 에어컨의 냉매, 발포, 세정, 반도체 에칭가스 등으로 다양하게 사용되는 것으로서 몬트리올 의정서에 의해 사용이 규제된 CFCs, HCFCs의 대체물질임. 국내에서 소비되는 HFCs의 99%는 냉매인 HFC-134a임

수소액화(Hydrogen Liquefaction)

수소는 20K 이하의 온도로 낮추게 되면 액체 상태로 존재함

수소저장(Hydrogen Storage)

수소를 저장하는 방법으로서 상용화된 방법은 고압기체저장, 액체저장 등이 있음

수소저장합금

수소저장합금은 수소와 반응하여 수소를 수소 화합물의 형태로 대량으로 흡수하는 합금임. 온도나 압력을 바꾸면 수소의 흡수와 방출을 가역적으로 되풀이할 수 있음. 따라서 수소의 저장과 수송용으로 이용할 수 있을 뿐 아니라 수소가 방출할 때의 가스압과 반응할 때의 열을 에너지원으로 이용할 수 있음. 수소는 재생

할 수 있어 고갈되지 않으며 더욱이 깨끗한 에너지원으로서 장래성을 촉망받고 있음. 수소 화합물을 형성하는 금속에 수소를 접촉시키면 수소 분자는 금속 표면에 흡착됨. 그중 일부는 수소원자로 분해되고 금속 결정격자 내부의 격자 간 위치라고 불리는 틈새로 침입함. 금속 속으로 흡수되는 수소의 수는 어떤 일정한 값에서 포화됨. 그러나 수소압을 높여주면 수소 원자는 금속 속으로 침입을 계속하여 전체가 금속 수소 화합물로 바뀜

수소화 분해공정(Hydrocracking)

나프타에서 잔사유에 이르는 각종 탄화수소에 촉매를 첨가하여 고온, 고압하에 수소기류 속에서 분해하여 수소화하고, 보다 경질인 탄화수소로 전환시키는 것임. LPG, 휘발유, 등유, 제트연료, 경유 등의 제품을 얻을 수 있고 게다가 그 품질도 좋아 후처리 등이 불필요함

수송 및 배분시스템, 공급망(Transmission and Distribution System, Network, Grid)

배관수송 관련설비 포함한 배관망 전부

수전해장치(Electolyser)

전기를 이용, 물을 분해하여 수소/산소를 만드는 장치

수지균형(Balance of Payments)

특정 기간 내에(일반적으로 1년) 국내 · 외 소비자 사이에서 일어나는 모든 경제거래에 대한 체계적인 요약임. 수지균형은 거래와 용역, 자본이동의 균형, 통화이동의 균형 등과 같은 범주로 분류됨

수차

물이 가지고 있는 에너지를 회전차의 작용으로 기계적 에너지로 변화하는 기계이며, 종류에는 프로펠러, 카프란, 프란시스 및 펠톤수차 등이 있음

수첨분해시설(Hydrocracker / Hydrocracking Unit)

VDU에서 생산된 VGO(감압경유)를 촉매가 채워진 고온 · 고압의 반응기에서 수

소와 반응시켜 분해하는 시설로 생산제품은 LPG, 납사, 등유, 경유이며 경유가 주 제품임. Hydrocracker는 FCC와는 달리 촉매가 고정상(Fixed Bed)으로 반응기에 채워져 있어 일정기간이 지나면 오염된 촉매를 재생시키기 위해 가동을 중지시켜야 하며, 다량의 수소를 사용할 뿐만 아니라 촉매의 오염문제 때문에 B-C를 직접 처리 못하고 VGO만 처리가 가능함. 그러나 Hydrocracker에서 생산된 제품은 분해반응과 동시에 탈황반응이 이루어진 초저유황 제품이며, 불포화 탄화수소도 거의 포함되지 않아 제품의 안정도도 매우 높음. Hydrocracker는 VGO를 처리하므로 원료를 만드는 VDU가 필수 시설이며 VDU에서 VGO와 동시에 생산되는 감압잔사유를 처리하기 위해 보통 VRHDS나 Coker를 같이 건설함

스털링 엔진

연료를 실린더 밖에서 연소시키는 "외연기관"의 일종으로 미리 실린더 내에 주입된 동작 가스가 재생기라 불리는 축열체와의 사이에서 열을 주고 받으며 가열, 냉각을 반복하고 동작가스의 팽창, 축소에 의해 동력을 발생시킴. 고효율성, 저공해성, 연료다양성의 특징을 지님

스팟 가격(Spot Price)

일반적으로는 상품을 현물거래하는 경우의 가격을 말함. 장기계약 등에 의하지 않기 때문에 수급의 상태에 따라 그 때마다 가격이 변함. 최근에는 원유가격에 대해 쓰이는 일이 많으며 원유의 현물시장에서 거래되는 원유가격임

슬랙 / 클링커(Slag / Clinker)

회분의 융점 이상온도에서 탄의 연소 동안 녹았다가 냉각시 재고체화된 연소찌꺼기임

습성가스(Wet Gas)

응축된 탄화수소물을 포함하고 있는 미정제 천연가스임

* 특성사양으로서, 가스정에서 75㎥의 가스당 1리터 이상의 응축액을 포함한 천연가스임

시 · 아이 · 에프(CIF / Cost, Insurance and Freight)

수출입 상품의 비용 및 선적시부터 도착시까지의 운임, 보험료를 포함한 가격을 말하며 공급자가 운임, 보험료를 전부 부담하는 무역거래 조건의 유형임

시장경제 전환 국가(Economies in Transition, EIT)

중부 및 동유럽과 구 소비에트연방 소속국가들로서 시장경제로 전환중에 있는 국가로서 Annex Ⅰ 국가 중 벨라루스, 불가리아, 에스토니아, 라트비아, 리투아니아, 루마니아, 러시아, 우크라이나, 크로아티아, 슬로바키아, 슬로베니아 등 11개국임

신축성체제(Flexibility Mechanism)

선진국의 의무이행에 신축성을 제공하기 위해 교토의정서에 새로이 도입된 의무이행 수단으로 공동이행제도, 청정개발체제, 배출권거래제 등을 말함. 제4차 당사국총회에서부터 교토메커니즘(Mechanisms of the Kyoto Protocol)이라 함

신형 전지전력 저장시스템

대용량의 신형전지에 의하여 저부하 시에 전력을 전기화학적 반응에 의하여 저장하고, 고부하 시에는 방출하는 전력저장 시스템을 말함

수입의존도(Rate of Dependence on Imports)

한 나라의 경제가 외국으로부터의 수입에 의존하고 있는 정도를 나타내는 지표를 말하고, 평균수입성향이라고도 함. 일반적으로 국민소득 혹은 국민총생산에 점하는 수입액의 비율로 표시되지만, 기준시 가격에 의한 경우는 실질의존도, 시가가격에 의한 경우는 명목수입의존도라고 각각 불리고 있음

신재생에너지

우리나라에서 신재생에너지는 「신에너지 및 재생에너지 개발 · 이용 · 보급촉진법 제2조」에 의해 기존의 화석연료를 변환시켜 이용하거나(신에너지) 햇빛 · 물 · 지열 · 강수 · 생물유기체 등을 포함하는 재생가능한 에너지를 변환시켜 이용하는 에너지(재생에너지)로서, 태양, 바이오, 풍력, 수력, 연료전지, 석탄 액

화 · 가스화 및 중질잔사유 가스화, 해양, 폐기물, 지열, 수소 등 11개 분야를 말함

* 신에너지: 연료전지, 석탄 액화 · 가스화 및 중질잔사유 가스화, 수소에너지 등 3개 분야
* 재생에너지: 태양열, 태양광, 바이오, 풍력, 수력, 지열, 해양, 폐기물 8개 분야

기후변화 특성화 대학원

■ 목적

- 기후변화 대응을 위한 전문 인력의 체계적 양성과 관련 교육 및 연구 기반 확대
  - 특성화 대학원 학생 등록금 및 연구활동 지원
- 환경부고시 제2011-2호(기후변화 특성화 대학원 지정 및 운영에 관한 고시)
  - 한국환경공단은 환경부장관으로부터 기후변화 특성화 대학원 지정 및 운영에 관한 업무를 위탁받아 수행하는 전담기관으로 지정

■ 추진경과

- 기후변화 특성화 대학원을 지정·지원운영 계획 수립('05)
- 서울대, 고려대, 계명대 3개 대학교 지정·운영('06.4)
- 기후산업 경영전략, 탄소시장 및 국제협상 2개 지원분야 추가 선정·운영계획 수립('08.4)
- 선정공고 및 접수, 사업계획서 평가위원회 개최('08.5)
- 중앙대, 아주대 2개 대학 추가지정 확정('08.6)
- 선정공고 및 접수, 사업계획서 평가위원회 개최('09.3)
- 경성대, 서울과학기술대, 이화여대, 전남대, 한림대 추가지정 확정('09.4)
- 계명대, 고려대, 서울대 협약기간 만료('11.4)
- 고려대, 안양대, 전북대 신규지정 확정('11.10)

■ **특성화 대학원 지정·운영 내용**

▶ 분야별 10개 대학 지원

- 온실가스 감축정책 분야(경성대학교, 전북대학교), 기후변화 영향평가 및 적응대책 분야(고려대학교, 이화여자대학교), 온실가스 배출통계 분야(한림대학교, 안양대학교), 기후산업 경영전략 분야(아주대학교, 서울과학기술대학교), 탄소시장 및 국제협상 분야(중앙대학교, 전남대학교)

대학명	과제 내용
경성대학교	• 온실가스 감축정책의 평가 및 개발을 위한 통합관리시스템 구축 – 온실가스 감축 환경정책에 적용 가능한 통합관리시스템의 기초연구 – 온실가스 감축 시나리오 설정 및 평가 방법론 개발 – 환경오염 물질과 온실가스의 통합연계방안 도출
고려대학교	• 기후변화 모니터링, 영향평가 및 적응대책 – 이상기후 감시 예측 및 미래기후 예측 – 기후변화 모니터링 및 취약성 평가 – 기후변화 적응 전략 및 대책개발
서울과학기술대학교	• 기후변화 대응한 기업 Value-Chain 개선방안 – 녹색성장을 위한 환경기술 기반 융·복합 기술개발 사례분석 – 기후변화 대응 환경기술 경영 체제 모색 – 한국 환경산업의 구조분석을 통한 기후변화에 대응한 한국기업의 경쟁력 제고 및 지속가능성 경영전략 수립
아주대학교	• 기후변화 시대 기업 경쟁력 평가 및 산업별 경쟁력 강화방안 연구 – DEA모형의 전력산업 응용 및 기후회계 연구련 – AIDS모형을 이용하여 기후변화의 산업부문 영향 평가 및 기업입지 방법론(에너지, 산업공정, 폐기물, 가정, 산업)부문 온실가스 배출량 DB화 및 GIS 구축 – 경쟁력 분석 BD구축 및 NEMS 구조 분석 – 기후변화에 따른 산업부문 영향 파악 및 산업별 경쟁력 강화, 경영 가이드라인 제시
안양대학교	• 기후·대기 통합배출량 산정 및 검증 방법 연구 – 통합배출통계 전문인력양성 교육체제 구축 – 통합배출통계 및 검증 전문인력 양성 교육체제 확대개편 – 국제 수준의 통합배출통계 및 검증 전문 고급인력 양성

대학명	과제 내용
이화여자 대학교	• 기후변화 따른 환경/생태계 대응 및 적응 대책 수립 – 기후환경 교육 과정 체계화 및 기후변화 모니터링과 영향 평가 방법론 완성 – 기후변화 전공 신설 및 기후변화 영향평가 관측결과 제시 – 기후환경 전공 교과 과정 확대 및 기후변화 영향평가/적응대책 종합화
전남대학교	• 저탄소 녹색성장을 위한 탄소금융과 탄소신용평가 연구 및 인력육성 사업 – 탄소금융 및 저탄소경영 개념정립 연구 수행 – 탄소신용평가(Carbon Rating) 평가모형 개발 및 저탄소 경쟁력 DB 구축 – 기후변화 특성화 대학원 전공 신설을 통한 글로벌 교육 및 교육 네트워크 구성
전북대학교	• 지역특성의 온실가스 감축대책과 저감기술 및 인력양성사업 – 온실가스 전문인력(석·박사과정) 양성 프로그램 개발 – 지역 최적의 온실가스 감축정책 제시 및 효과 분석 – 지역의 온실가스 감축기술확보 및 감축산업 클러스터 구축
중앙대학교	• 지속가능성장을 위한 국제환경 전문 인력 육성과 연구 능력 제고 – 탄소시장 및 기후변화 관련 국제 협상 전문인력 양성을 위한 기초 전문지식 배양 – 해외 산학연 Network 형성 추진, 융합형 탄소시장 관련 교과목 개발 및 국제기구 인턴십 파견 협조 – 지자체 공무원과 Opinion Leader를 위한 기후변화 교육 강화–특성화 교육과 연계(전문가) – 국제 또는 기후 환경 대학원(가칭) 또는 학과 전공 설립 – 국제 또는 기후 환경 대학원(가칭), 통합 연계 전공 정착화
한림대학교	• 국가고유배출계수 및 고유산정방법론 개발·적용 – 온실가스 배출통계수준 평가지표 및 지수 개발 – 온실가스 배출통계 DB 효율적 구축방안 수립 – 국가고유 배출계수 개발·적용 – 개발된 국가고유 배출계수 평가·검증 및 적용방안 제시

ㅇ

아라비안 라이트(Arabian Light)

사우디아라비아산 원유 중 API도(미국 석유협회가 규정한 비중측정단위)가 34도인 원유를 말함. 중동산 원유 중에서 생산량이 많으며, 표준적인 상태에서 원유 가격을 설정할 시의 기준원유로서 채용되고 있었지만 1985년 1월의 OPEC 제73회 임시총회에서 기준원유 가격제도로 변경되었음

IEA(International Energy Agency, **국제에너지기구**)

1974년 11월 OECD 이사회에서 설립을 결의. 1976년 1월에 발족하였으며 회원국은 미국, 영국, 일본, 호주 등 선진국 중심의 24개국임

Umbrella Group

교토의정서가 채택되면서 형성된 비EU 선진국들의 개방형 연합체. 공식적인 연합체 구성 국가 리스트는 없으나 통상적으로 호주, 캐나다, 아이슬란드, 일본, 뉴질랜드, 노르웨이, 러시아, 우크라이나, 미국 등으로 구성됨

알베도(Albedo)

어떤 한 표면에서 모든 방향으로 반사 혹은 산란된 일사량과 표면에 입사된 총 일사량(직달 + 산란)과의 비임

* 알베도의 일반적 개념은 태양광으로 구성된 모든 전자기파의 표면 반사율이며 입사각에 따른 변화는 무시될 수 있음. 그러나 어떤 특정 표면에서의 알베도 값은 입사각에 따라 크게 달라질 수도 있음

압축 천연가스(CNG, Compressed Natural Gas)

천연가스를 냉동, 압축하여 액화한 LNG(액화 천연가스)와는 달리 고압으로 압축하여 압력 용기에 저장한 형태를 말함

애노드(Anode)
산화반응(전자를 잃는 반응)이 일어나는 전극임

액성 천연가스(Natural Gas Liquid: NGL)
가스전설비 또는, 가스정제 공장의 분리기에서 액체상태로 회수되는 천연가스의 일부, 액성 천연가스는 에탄, 프로판, 부탄, 펜탄, 천연가솔린 및 응축액을 포함하나 이에 국한하지는 않으며, 소량의 비탄화수소 성분도 포함하는 경우도 있음

액체식집열기(Liquid-Cooled Solar Collector)
열전달매체가 액체인 태양열 집열기임

액화(Liquefaction)
수소화 반응법, 고체연료를 이용한 기체 합성법, 또는 용매추출법 등의 방법으로 고체연료를 액화 탄화수소 및 기타 성분들로 전환시키는 것임

액화석유가스(LPG, Liquefied Petroleum Gas)
석유생산, 석유정제 또는 석유화학공업의 과정에서 부생되는 탄화수소를 분리 추출해, 상온상압에서 가스상태의 프로판, 부탄 등의 혼합기체를 가압 또는 냉각해 액화한 것. 가정용, 공업용, 내연기관용 연료, 도시가스의 원료로서 사용되고 있음

액화천연가스(LNG, Liquefied Natural Gas)
지하 또는 해저의 가스전(석유광상)에서 뽑아내는 가스 중 상온에서 액화하지 않는 성분이 많은 건성가스(Dry Gas)를 수송 및 저장의 용이성을 위해 액화한 것으로 보통 '천연가스'라 불리움. 주성분은 메탄(CH_4)으로 −162℃로 액화하면 체적은 원래의 1/600로 되어, 그 상태로 전용탱크에 수송되어 반지하 또는 지상의 대형 단열탱크에 저장됨. 우리나라의 경우 해외 천연가스 산지의 LNG공장에서 액화하는 것을 LNG선으로 도입하여 이를 국내 LNG공장에서 기체화한 후 파이프를 통해 발전소나 수용가에 공급하고 있음

양극(Positive Electrode)
전지에서 방전시 환원반응이 일어나는 전극임

양수발전
고지대에 저수지를 만들고 전력의 비수요기인 밤에 잉여전력을 이용하여 여기에 물을 모터펌프로 퍼올려 놓았다가 수요기에 저수지물을 낙하시켜 발전하는 방식을 말함. 우리나라의 양수발전은 팔당 등 세 곳에 있음

양수발전량(Energy Absorbed by Storage Pumping, Energy Absorbed by Pumping)
발전하기 위하여 물을 상부로 퍼올리는데 전동펌프에서 소비되는 전력량. 여기에서 보조기기와 펌프손실 등도 포함

양수발전소(Pumped Storage Power Station: Pumped Storage Plant)
전력계통의 경부하시에 잉여전력을 이용하여 하부 저수지의 물을 상부 저수지로 양수하였다가 중부하시에 발전하는 일종의 수력발전소임

양수발전소의 양수효율
양수로 얻는 발전전력량과 양수전력량과의 비율임

에너지 안보(Energy Security)
에너지는 국가경제를 뒷받침하는 데 불가결한 것이며, 국가의 안전 보장과 깊이 결부되어 있기 때문에 에너지의 안정적이고도 합리적인 공급이 중요하다는 인식을 의미함

에너지 체계(Energy System)
물리적 의미에서 고유의 특성 또는 투입물로써 에너지를 포함하고 있는 물질이나 기구이고, 에너지경제에서는 경제적 요소들의 에너지요구가 충족될 수 있도록 해주는 기술적, 경제적 구조임. 일정지역의 에너지수요에 부응하기 위한 공급구조를 의미하는 것으로 공급에너지원과 공급방식이 이에 따라 결정됨

에너지 탄성치(Energy Elasticity)

에너지의 수요규모와 경제성장률은 일국의 경제규모, 산업구조, 국민생활등과 밀접히 연결되어 있음. 에너지탄성치는 경제성장률과 에너지소비증가율의 비. 따라서 일반적으로 에너지사용의 효율이 높을수록 이 수치는 작게 됨

에너지 회수율(Energy Gain Factor)

설비 수명기간 중의 총에너지생산량에서 총소비량을 차감한 양과 설비 건설기간 중에 소요된 에너지량의 비율을 말함

에너지 간 경합(Competition between Energy)

에너지시장에서 에너지산업 간의 수요 획득경쟁을 말함. 종래는 조명 · 동력 · 냉방은 전기로, 급탕 · 주방은 가스로, 난방 · 가열은 석유, 석탄과 같은 에너지원으로 사용했으나, 최근에는 전력, 도시가스, 석유 등 각 산업이 다른 분야로 진출해 종래 에너지 간의 울타리를 넘어선 경쟁이 격화되고 있음

에너지담체(에너지매체, Energy Carrier)

화학물질 형태의 매체로 수송과 저장이 용이한 물질로서 대표적인 것이 수소이며, 전기도 에너지매체로 볼 수 있음

에너지매체(Energy Medium)

일차에너지에서 이용계로 변환된 전력, 석유제품, 연료가스 등의 이차 에너지를 에너지매체(media)라고 함. 각종 에너지를 전하는 매체로 투명공간이나 투명체, 기계에너지는 탄환이나 용수철, 스프링, 압축기계, 화학에너지는 용액, 전기에너지는 전성 등임

에너지밸런스(Energy Balance)

에너지 수급통계 작성에서의 '에너지밸런스'는 플로우(Flow)의 개념으로 일정 기간 동안 일정 지역 내 에너지의 투입과 산출 간의 균형을 나타내는 표를 말함

* 에너지밸런스의 작성대상지역 및 시간대는 일률적이 아님. 대부분 일국을 대상으로 하는 연간 에너지밸런스 또는 인접국가들을 동시에 포함시키는 권역에너지밸런

스가 작성되기도 함. 에너지밸런스의 형태는 통상에너지원을 세로축, 에너지수급량을 가로축에 나타내는 행렬(Matrix)방식을 채택하고 있음

에너지변형(Energy Transformation)

에너지형태에 물리적 변화를 줌으로서 에너지를 재생, 생산하는 것임.(예: 석탄액화) 영어 용법에서 '에너지 전환'이란 용어가 보통 이 의미와 물리적 상황에서 아무런 변환도 주지 않고 에너지를 재생 혹은 생산하는 의미를 나타내는 데 자주 쓰임

에너지보존(Energy Conservation)

유한 에너지자원을 가장 효율적으로 사용하기 위해 취해야 할 행동을 구체화시킨 정책을 의미함. 이러한 행동의 예로는 에너지절약, 에너지의 합리적 이용, 서로 다른 형태의 에너지 간의 대체 등이 좋은 예임. 에너지 보존을 위해 통제적, 보조적, 정치적, 경제적 수단이 사용됨

* 이 용어는 주로 국가적 차원에서 사용된다. 미시경제 차원에서는 일반적으로 에너지관리라는 용어가 쓰임

에너지 수입의존도(Dependence of Energy on Overseas)

일반적으로 에너지 수입의존도는 1차 에너지공급량에서 순수입에너지의 비중을 의미하나, 국내 수입의존도는 1차 에너지 소비 중 수입에너지의 비중을 의미함

에너지원(Energy Resources)

에너지로 가능한 자원을 뜻하며 열에너지, 빛에너지, 운동에너지를 얻을 수 있는 화석연료나 핵분열 및 대체에너지로서 수력발전, 태양에너지, 풍력에너지, 조력에너지, 지열에너지 등을 말함

에너지원단위(Energy Intensity)

일정 부가가치(혹은 생산액)를 생산하기 위해 투입된 에너지의 양, 가장 일반적으로 사용되는 것은 부가가치 원단위로서 통상 부가가치 백만 원(혹은 1,000달러)당 투입에너지(toe)로 표기함

에너지의 단계적 이용(Energy Cascade)

에너지를 두 개 또는 그 이상의 공정에서 효과적으로 이용하기 위해 한 공정에서 사용한 후 남은 에너지가 이용가능하면 다음 공정에 차례로 이용하도록 하기 위한 일련의 에너지 흐름 또는 에너지량으로 에너지 사용과정에서 총괄효율을 확정화시키는 것이 목적임

* 열에너지의 경우 각 단계에서의 초기에너지 엔트로피(entropy) 증가는 열역학적 과정에 의해 앤탈피(enthalpy)의 감소를 가져옴

에너지의 형태(Forms of Energy)

고체연료(Solid Fuels), 액체연료(Liquid Fuels), 가스연료(Gaseous Fuels), 수력전기(Hydropower), 핵에너지(Nuclear Energy), 전기에너지(Electrical Energy), 태양에너지(Solar Energy), 생물에너지(Biomass Energy), 풍력에너지(Wind Energy), 해양에너지(Ocean Energy), 지열에너지(Geothermal Energy), 핵융합(Nuclear Fusion)등이 있음

에너지절약(Energy Saving)

에너지 공급자와 사용자가 에너지의 낭비를 줄이기 위해 채택한 수단 또는 그로 인한 효과. 소극적인 방법(예: 단열)과 적극적인 방법(예: 폐열이나 가스의 활용) 또는 조직적인 방법(예: 수송수단의 변화) 등이 있음

에너지절약전문기업(Energy Service Companies, ESCO)

에너지사용자를 대신해 에너지절약 시설에 투자하고 이에 따른 에너지 절감액으로 투자비를 회수하는 기업임

에너지 탄소집약도

에너지소비량에 대한 탄소배출량 비율임

에너지효율(Energy Efficiency)

일정한 에너지 최종이용량의 공급에 대해, 몇 배의 에너지원이 필요한가를 표시한 비율을 말함

에너토피아(Enertorpia)

에너지와 유토피아의 합성어로, 일반적으로는 어떤 거주지역을 체계화하여 에너지나 자원의 자급성을 갖고, 에너지절약 사고방식에 기초한 설비를 갖춘 에너지적 유토피아를 말함. 주위의 생태계를 파괴하지 않는 태양 등의 자연에너지 이용이나 폐기물의 재이용을 행함

에이 · 피 · 아이 온도(API Degree / API Number)

원유나 석유제품의 비중을 나타내기 위한 지표로서, 미국석유협회(API: American Petroleum Institute)가 제정한 화학적 석유비중 표시방법. 일반적으로 탄화수소가 많을수록 비중이 커지는데, 보통 API 34도 이상의 원유를 경질원유, API 30~34도의 원유를 중질원유(中質油), API 30도 이하의 원유를 중질원유(重質油)로 분류함

엑써지(Exergie)

일반적으로 에너지는 기계에너지로 변환할 수 있는 부분과 변환할 수 없는 부분으로 되어 있음. 이 중 전자는 엑써지라고 명명되는 유효에너지이고, 후자는 아너지(Anergy)라고 불리움. 연료에 포함되는 화학에너지는 직접 기계에너지로 변환하는 것은 어려우나, 전기에너지를 거쳐 기계에너지로 바꿀 수 있음. 이 경우 연료는 엑써지를 가지고 있다고 말함

엘 · 에스 · 더블유 · 알(LSWR, Low Sulfur Waxy Residue)

저유황 고유동점의 연료유(B-C)를 말함. 유황함량은 보통 0.3wt% 이하로 초저유황이나 왁스성분을 다량 함유하고 있어 상온에서는 고체로 굳어지기 때문에 사용 또는 저장하기 위해서는 별도의 보온시설이 필요함

엠 · 티 · 비 · 이(MTBE, Methyl Tertialry Butyl Ether)

이소부틸렌(Iso-Butylene) 형태의 올레핀과 메탄올을 반응시켜 생산되는 화합물로 분자에 산소원자를 함유하고 있어 질소산화물, 일산화탄소 등의 발생을 줄일 목적으로 휘발유 Blending에 사용됨. 옥탄가가 약 118로 매우 높아 휘발유의 옥탄가 향상에도 기여함

역률(Power Factor)

교류 전기기구에서 소비전력을 측정할 때 전압 교류에 대한 watt의 비 혹은 피상전력에 대한 유효전력의 비를 역률이라 한다. 소수점으로 표현되며 역률은 유효전력에 대한 무효전력의 크기를 가늠할 수 있는 척도임

역청탄(Tar Sand / Oil Sand)

역청이나 높은 점성의 다른 원유를 함유하고 있는 퇴적암. 그러나 일반적인 생산방법으로는 함유된 원유를 채유할 수 없음

연간 에너지절약(TOE)

연간 전기생산량을 오일로 환산한 양 TOE=Ea(MWh) * 0.25(환산계수)

연간 전기생산량(Ea)

1년간 생산된 전기량 Ea(kWh)=P(kW) * 8,760(hr) * Lf(가동률)

연료가스(Fuel Gas)

연료가스는 환경이 허용할 수 있는 연료로서 석유와 석탄 등을 원료로 해서 가스화에 의하여 얻어짐

연료소비율(Fuel Consumption Rate)

줄여서 연비라고도 말함. 단위시간, 단위출력당의 연료소비량, 보통 g/psh, cc/psh로 나타냄. 자동차에서는 연료단위량당의 주행거리 km/ℓ로 나타내기도 함

연료유(Fuel Oil)

석유제품 중 에너지발생을 위한 연료로 사용되는 유종을 말하며 이에는 휘발유, 등유, 경유, B-C유, 제트류가 포함됨. 통상 석유제품은 연료유, LPG, 비연료유로 구분됨

연료전지(Fuel Cell)

연료(주로 수소)와 산화제(주로 산소)를 전기화학적으로 반응시켜 그 반응에너지를 전기로 직접 빼내는 직류발전장치임. 연료의 연소에너지를 열로서가 아니고, 전기에너지로서 이용하는 것으로서, 전기자동차용 연료전지나 연료전지발전소 등의 고성능이고 경제성이 뛰어난 연료전지의 개발이 추진되고 있음

열량(Heat Quantity of Heat)

고온의 물체에서 저온의 물체로 이동하는 에너지의 일종으로, 역학적 일과 구별하여 내부에너지의 변화를 가져오는 에너지를 열이라고 하고, 그 출입량을 열량이라고 부름

열매체(Heat Transfer Medium)

열량운반의 매체로서 쓰여지는 유체로 취급할 수 있고 열적으로 안정되며, 매체 단위중량당의 열용량이 크고, 압력범위도 적당하며, 전열계수도 높음. 장치에 대한 부식성이 적고 불연성, 가격이 저렴, 무독한 것이 필요함. 공업적으로는 연도가스, 열공기, 수증기, 열유, 보일러 Dowtherm 등의 폐열회수에 이용되는 것도 있음

열병합발전(Cogeneration / Co-Gen)

발전을 통하여 전력을 생산함과 동시에 고압 스팀 및 온수를 생산하는 시설을 말함. 단순히 전력만을 생산하는 것과 비교해 보면 2배 가까운 열효율(약 60~70%)을 얻을 수 있음

열부하

건물에서 냉난방이나 온수급탕 등을 위해 필요한 에너지량

열분해(Pyrolysis)

혐기상태와 고온 상태(200℃ 이상)에서 바이오매스를 열로 분해하는 것을 말함. 이 분해에 의한 생성물로는 일반적으로 산, 알코올, 알데히드, 페놀 등의 복잡한 혼합액체가 얻어지는데, 이 혼합액체는 적절한 공정에 의해 분리되어짐. 고체형

태의 생성물질은 목탄 등을 얻을 수 있는데 이는 제철공정에서 코크스의 대용으로 사용되기도 함. 기체형태의 생성물질은 열량이 약 15MJ/㎥ 정도의 CO, 수소, 메탄 그리고 그 외 기체의 혼합상태로 얻어짐

열분해(Thermal Cracking)

촉매를 이용하지 않고 고온으로 탄화수소분자를 분해하는 방법으로 생산되는 제품이 Olefin(불포화 탄화수소)을 많이 함유하여 안정성이 떨어짐. CC, Delayed Coker, Visbreaker 등이 대표적인 열분해 시설임

열분해가스(Cracked Gases)

액체 또는 탄산수소가스를 열 또는 열-촉매 분해하여 생성된 가스연료임

열분해공정(Thermal Cracking)

고옥탄 가솔린 제조공정. 비등점 315~560℃의 가스오일을 원료로 사용하여 제올라이트 촉매상에서 반응시켜 가솔린을 얻음. 최근에는 금속성분에 강인한 촉매들이 개발되어 잔사유를 원료로 사용하는 공정이 상업화되었음. 이 공정에서 사용되는 반응기는 유동상(Fluidized Bed) 반응기로 고체촉매를 사용하는 기체반응에 사용되는 특수한 형태의 반응기임. 따라서 접촉분해공정을 유동접촉분해(Fluidized Catalytic Cracking : FCC)라고 부름

열수지(Heat Balance)

열평형, 열정산, 공급열량과 그 사용상태를 명확히 하여 열의 출입량 관계를 정산하는 것임. 이것에 의하여 열의 분포상태를 알고, 열손실을 줄여 이것을 유효하게 이용하고 연료경제를 꾀하며 보일러 또는 공업요로의 효율을 증가시키기 위한 기초자료가 얻어짐. kcal/연료(kg 또는 N㎥) 혹은 백분율을 씀

열에너지(Thermal Energy)

에너지 형태의 하나로서 열에너지의 대부분은 증기기관이나 내연기관과 같은 열기관에 의하여 역학적 에너지로 바뀌어 이용되는 것 외에 난방, 조리, 온수 등에 가장 많이 이용되고 있는 기본적인 에너지임. 역학적 에너지는 마찰열 등의 방법

으로 100% 모두 열에너지로 바뀜. 모든 에너지는 최종적으로 열에너지로 바뀌어 주위로 방출됨

열펌프(Heat Pump)

지하수, 표면수, 흙, 외부공기, 환기된 공기와 같은 저급의 열원으로부터 작동유체로 열을 전달하고 기계적 에너지와 같은 고급에너지를 응용함으로서(고온측에서) 열을 방출하기 이전에 작동유체의 온도를 높이거나 열 함량을 증가시키는 장치임

열회수 시스템(Heat Recovery System)

폐열보일러 등 열교환에 의하여 폐열을 회수하는 방식임

열효율(Thermal Efficiency)

공급된 열에너지에 대한 열에너지의 비율을 열효율이라고 함. 보일러 등의 열 이용설비에서의 흡수열량, 소각에 의한 발생열량에 대한 비율을 %로 나타내어 열효율로 함

예상매장량(Probable Reserves)

물리탐사와 탐사정 시추에 의해 확인된 저류암과 석유의 특성에 의해서 계산된 매장량. 개발기술이나 장비의 발달에 따라 변동함

오일 쉘(Oil Shale)

해모공암이라고 하며, 역청질의 고분자화합물을 포함한 공암으로 건류에 의해 석유와 같은 성질의 기름이 얻어짐. 미국에 특히 많이 매장되어 있고 세계 도처에 비교적 널리 분포되어 있음. 원유회수와 잔해의 처리에 비용이 많이 들기 때문에 실용화되지 않았지만 최근 기술진보와 석유위기 이후의 석유가격 비등으로 인해 주목되고 있음

오일샌드(Oil Sand)

원유를 포함한 다공질의 사암으로, 원유가 천연 아스팔트화되어 있는 것은 타르

샌드라고도 함. 열처리 또는 기타 방법으로 원유를 추출해 정제하면 보통의 석유에 가까운 것이 얻어짐. 종래 개발비용이 비싸다는 이유로 그다지 실용화되지 않았었지만 석유위기 후 원유가격 급등에 의해 실용화가 추진되었음

오존(Ozone)

산소분자와 산소원자가 결합하여 이루어진 가스, 질소 산화물과 탄화수소 같은 오염물질의 존재하고 강한 태양광선이 작용하면 생성될 수 있음. 성층권에서는 오존층이 지상에 도달할 강한 자외선을 감소시킴. 오염된 대기권에서 생성된 오존은 식물과 건강에 해가 되며 대기중 여러 화학반응(예: 질소의 산화)을 일으킴

옥탄가(Octane Number)

휘발유 안티노크성의 고저를 표시하는 상대적인 척도를 말함. 옥탄가는 이소옥탄(Iso-Octane)의 옥탄가를 100, 노말헵탄(n-Heptane)의 옥탄가를 0으로 정한 후, 휘발유와 같은 안티노크성을 갖는 표준연료(이소옥탄과 노말헵탄의 혼합물)에 함유된 이소옥탄의 부피%로 표시함. 옥탄가가 높을수록 안티노크성이 높은 것을 의미함

온실효과(Greenhouse Effect)

파장이 2.5㎛ 이상인 적외선 영역에서는 투과율이 아주 낮고(열손실 방지) 다른 영역에서는 투과율이 좋은 유리 혹은 그 밖의 재료로 이루어진 온실에서 태양열을 흡수한 물체로부터 복사된 적외선 에너지(열)가 보존되는 효과. 또한 진공상태에서는 흡수된 에너지의 절반가량이 다시 닫힌 공간으로 재복사됨. 대기중 이산화탄소의 증가 때문에 발생되는 온실효과는 지구표면의 온도를 상승시킬 수도 있음

온실가스(Green-House Gas, GHG)

대기중에서 적외선을 흡수함으로써 자연적인 온실효과를 일으키는 기체로 교토의정서는 인간활동에 의해 발생되는 6가지 온실가스를 지정하고 있음. CO_2(이산화탄소), CH_4(메탄), N_2O(아산화질소), SF_6(육불화황), HFCs(수소불화탄소), PFCs(과

불화탄소). 부속서 I 국가들의 온실가스 방출은 GWP(지구온난화지수)에 의해 이산화탄소를 기준으로 측정됨

외연기관(External Combustion Engine)

외연 주기에 따라서 작동되는 기관. 연료의 연소로부터 나오는 뜨거운 연소 생성물이 열기관 내에서 동력적 왕복운동과 추진력을 일으키는 작동매체(통상적으로 스팀 또는 공기)와 분리되어 있으나 열교환이 될 수 있도록 구성된 형태임. 예로 스팀터빈, 왕복 스팀 기관, 외연 가스 터빈과 스털링(Stiriling)엔진임

용적률

대지면적에 대한 건축물의 연면적(대지에 2개 이상의 건축물이 있는 경우에는 이들 연면적의 합계로 한다)의 비율임

* 용적률 = 건축물의 연면적 / 대지면적 * 100

원유(Crude Oil)

천연산 광물성 기름으로서, 다양한 종류의 탄화수소로 되어있음. 상압증류 후에 잔류하는 파라핀 왁스나 역청의 함유량에 따라 파라핀계, 아스팔트계, 혼합계로 나누어짐. 현재의 전문용어상으로 원유(Petroleum)는 액체 탄화수소뿐만 아니라 기체나 고체 탄화수소도 포함함

유동상식 접촉분해시설(Fluid Catalyst Cracking Unit, FCCU)

유동하는 고온의 촉매를 사용하여 중질유를 분해하는 시설로, 원료로는 보통 VGO를 사용하여 흔히 VGO FCC라고도 함. 이 시설은 휘발유생산을 주 목적으로 하는 시설로 생산되는 주요제품은 고옥탄가의 휘발유 및 LPG유분, 경유유분 등임. FCC의 초기 기술로는 촉매문제로 인해 연료유를 직접 투입하지 못하고 감압경유를 투입하여 분해하였으나, 현재는 촉매기술 및 FCC에 대한 기술이 많이 발달하여 연료유를 직접 분해할 수 있는 RFCU가 널리 보급되고 있음

유동층 연소(Fluidized Bed Combustion)

탄을 연소시키는 방법으로 연소가 안 되는 입자를 포함한 연탄층이 위로 흐르는

공기에 의해 부유상태에 있게 됨. 연소가 안 되는 입자는 일반적으로 석탄회분이거나 석회석과 같은 유황수용제임

유량지속곡선(Flow Duration Curve)
어느 유량의 값보다 같거나 큰 값이 전체시간에 몇 %에 해당하는가를 나타내는 곡선임

유역(Watershed or Basin)
하천의 임의 단면을 통과하는 유량에 직접적인 공헌을 하는 지역의 경계임

UNCED(UN Conference on Environment and Development, **유엔환경개발회의**)
1972년 유엔인간환경회의 이후 20년 만에 개최된 환경에 관한 유엔회의임. 1992년 6월 3일부터 14일에 걸쳐 브라질 리우데자네이루에서 각국 대표들과 민간단체들이 지구 환경보전을 위해 개최되어, 각국 원수 또는 정부수뇌가 출석했기 때문에 지구서미트라고도 불림

유효에너지(Usage Energy)
일차에너지(에너지자원)를 사용하기 쉬운 전력, 가솔린, 등유, 도시가스 등으로 바꾸어 공장과 일반가정에 공급되는 것을 이차에너지 또는 에너지매체(Energy Medium)라고도 함

육불화황(SF_6)
상온에서 무색, 무취, 무독의 기체로 500℃ 이상의 열에서도 안전하나 불순물이 들어가면 분해되어 유독하며, 반도체 생산공정과 가스절연개폐기 및 가스절연변압기에 사용됨

음극(Negative Electrode)
전지에서 방전시 산화반응이 일어나는 전극임

응축액(Condensate)

지하 저유층에서 가스상태로 존재하며 지상의 조건하에서는 액체로 변하는 탄화수소, 주로 펜탄 및 보다 무거운 물질들로 구성되며 액성 천연가스와 동의어로 사용되기도 함

이산화탄소 저감효과(탄소톤)

연간 에너지절약량을 CO_2 저감량으로 환산한 양=TOE * 0.8374(환산계수)임

이온화 경향(Ionization Tendency)

이온화 경향(Ionization Tendency)은 이온화의 난이도로서 이온화하기 쉬운 것을 이온화경향이 크다고 하며, 일반적으로 금속원소가 양이온이 되어 용액 속에 들어가려는 경향을 말함. 이 경향은 금속원소의 종류, 용액의 농도에 따라 다르므로, 정량적으로 비교하기 위해 일정한 조건에서의 전극전압을 비교하는 것이 보통임. 물에 대한 이온화경향의 크기에 따라 나열한 원소의 계열을 이온화서열 또는 전기화학계열이라고 함. 이 계열의 앞쪽에 있는 것일수록 이온화경향이 크며, 산화되기 쉬움. 어떤 원소가 그보다 이온화 경향이 작은 이온을 함유하는 수용액과 접하면 이온의 치환반응을 일으킴. 예를 들면, 아연과 구리, 구리와 은에서는 아래와 같이 치환됨. Zn + Cu2+ → Zn2+ + Cu, Cu + 2Ag+ → Cu2+ + 2Ag 또, 수소이온의 경우에는 수소기체를 발생함

이차오염(Secondary Pollution)

오염원으로 배출되는 배가스, 배수 폐기물, 잔류농약 등은 각각 대기오염, 수질오탁, 토양오염 등을 일으키며 일차오염이라고 함. 자동차 배기가스가 태양의 직사를 받아서 광화학 반응에 의해 유독한 옥시덴트가 생기거나 배수중의 무기수온이 변화되어 유독한 유기수온이 생기는 경우는 이차오염으로 됨

이코노마이저(Economizer)

여열이용시설의 일종, 가열로나 보일러에 있어서 연소배가스의 여열을 이용해서 연소용 공기나 연료의 예열을 하거나, 또 보일러의 경우에는 급수를 예열해서 연료 소비량을 절약하는 시설임

이행부속기구(Subsidiary Body for Implementation, SBI)

국가보고서 제출, 재정 · 기술지원방안 등 협약의 이행과 관련한 문제에 관한 권고안을 만들어 당사국총회 또는 요청이 있을 경우 다른 부속기구에 제출하는 역할을 수행함

일사량계(Pyranometer)

표면에 입사되는 복사에너지를 측정하는 기구이며 수평으로 설치시 전천(全天) 일사량을 측정할 수 있음

* 이 기구는 보통 전천(全天)일사량을 측정하는 데 쓰이지만 센서(senser)를 직달일사로부터 적절히 가릴 경우에는 산란일사량을 측정할 수도 있음

일산화탄소(Carbon Monoxide)

냄새와 색깔이 없는 독성의 가스임. 대기중에 존재하는 대부분의 일산화탄소는 유기물질의 불완전연소로부터 발생함

일차에너지(Primary Energy)

가공되지 않은 상태에서 공급되는 에너지. 석유, 석탄, 원자력, 천연가스, 수력, 지열, 태양열 등을 말함. 이에 반해 일차에너지를 전환 가공해 얻을 수 있는 전력, 도시가스, 석유제품 등을 이차에너지라 부름

일차에너지소비(Primary Energy Consumption)

에너지 국내생산 및 순수입, 재고의 중감을 포함한 소비량으로 최종 에너지소비와 전환손실을 합한 양과 같음

일차오염(Primary Pollution)

공장, 발전소 등의 폐가스, 자동차 배기가스 등과 같이 최초로 발생하는 오염을 가리킴

입사각(직달일사량)(Angle of Incidence)

태양면의 중심부와 광조사된 표면의 한 점을 잇는 선과 그 점에서 조사된 표면

에 수직인 선과의 사이에 이루어지는 각임

입사기간(Irradiance Period)

어떤 물체의 표면이 입사되는 태양에너지에 노출되어 있는 기간임

입사에너지(Irradiance)

단위면적, 단위시간에 입사되는 태양에너지의 밀도. 단위는 w/㎡ 이나 J/㎡.s로 표시됨

* 어떤 일정한 시간 동안 적분된 입사에너지를 일사량이라고 부름. 보통 사용되는 단위는 시간별, 일(日)별 혹은 월(月)별 일사량으로 표기됨

입사에너지비(Irradiance Ratio)

실제로 입사되는 복사에너지와 이론적으로 가능한 최대 입사에너지와의 비임

* 이론적으로 가능한 최대 입사에너지의 지속기간은 쉽게 계산될 수도 있으며, 또한 그 지역의 기상대에서 얻을 수도 있겠으나 후자의 경우 지형, 지물로 인한 차폐효과 등에 따른 수정이 필요할 수도 있음

연료전지

연료(주로 화석연료로부터의 수소)와 산화제(주로 공기 중으로 부터의 산소)를 화학적으로 반응시켜 이 에너지를 전기로 하여 직접 얻어내는 직류발전장치. 연료의 에너지를 열이 아닌 전기에너지로 이용하는 것임

에너지원단위

경제활동에 투입된 에너지소비의 효율성을 평가하는 지표로 국제적으로 통용되는 에너지원단위임. (TOE/천$) = 에너지소비량(TOE) / 총부가가치(GDP, 천$)

온도차발전

해양 표면층의 온수(예: 25~30℃)와 심해 500~1000m 정도의 냉수(예: 5~7℃)의 온도차를 이용하여 열에너지를 기계적 에너지로 변환시켜 발전하는 기술임

의무구매제도(Feed-In Tariff, FIT)

전력판매사가 정부가 정한 기준가격으로 신재생에너지 전력을 의무 구매하고, 이를 전기요금에 흡수하는 제도임

의무이행기간(Commitment Period)

감축목표를 달성하는 기간을 의미하며, 현행 교토의정서의 경우 5년 단위로 의무 이행기간을 설정하였으며, 2008~2012년을 1차 의무이행기간으로 규정하고 있음. Commitment Period / Compliance Period와 같은 의미로 사용됨

IEA(International Energy Agency, **국제에너지기구**)

제1차 석유위기 후의 국제에너지정세에 대응해 가기 위해 미국의 제창에 의해 1974년 11월에 설립된 국제기구임. 사무국은 파리의 경제협력개발기구 본부 내에 있으며, 현재 가맹국은 26개국이며 한국은 2002년 3월 가입함. IEA는 사무국, 이사회, 5개의 상설그룹과 위원회로 구성되어 있음. 설립 당초는 OPEC의 원유공급 삭감과 가격인상에 대응하는 것이 큰 목적이었지만, 최근에는 비상시 석유융통과 재생에너지 개발협력 등에 중점이 놓여지고 있음

IGCC(Integrated Gasfication Combined Cycle, **가스화복합발전**)

석탄, 중질잔사유 등의 저급원료를 고온, 고압하에서 가스화시켜 일산화탄소(CO)와 수소(H_2)가 주성분인 가스를 제조하여 정제한 후 가스터빈 및 증기터빈을 구동하는 발전기술임

IPCC(Intergovernmental Panel on Climate Change, **기후변화에 관한 정부간 패널**)

인간활동의 확대에 수반된 대기환경의 변화가 기후, 식량, 에너지, 수자원 등 사회 모든 분야에 중대한 영향을 미치고, 경제의 지속적 성장을 저해할지도 모른다는 공통인식하에 국제적 대처를 검토하는 정부간 회의. 1988년 11월 제1회 회의가 제네바에서 개최되어 3개의 위원회가 설치됨. 이 활동은 21세기 에너지정책과 환경정책의 지침이 됨

LCA(Life Cycle Assessment)

물품의 생산에서 폐기에 이르기까지의 자원소비량, 환경오염량 등을 조사, 분석해 평가하는 방법임

LFG(Land-Fill Gas)

매립지 가스임

OPEC(Organization of Petroleum Exporting Countries, **석유수출국기구**)

1960년 9월 5개국(이라크, 쿠웨이트, 사우디아라비아, 베네수엘라, 이란)에 의해 설립되었으며, 본부는 빈에 있음. OPEC 설립의 직접적인 원인은 1959년과 1960년의 2회에 걸친 원유공시가격의 대폭적인 인하가 메이저에 의해 일방적으로 행해진 데에 있음. 정식적으로는 산유국 간의 석유정책협조와 이를 위한 정보수집과 의견교환을 위한 기관임. 현재 가맹국은 위 5개국 이외에 카타르, 인도네시아, 리비아, 아랍에미레이트연방, 알제리, 나이지리아, 에콰도르, 가봉으로 13개국임

RDF(Refuse Derived Fuel)

폐기물 고형연료. 종이, 나무, 플라스틱 등의 가연성 폐기물을 파쇄, 분리, 건조, 성형 등의 공정을 거쳐 제조한 고체연료임

RPF(Refused Plastic Fuel)

폐플라스틱 고형연료제품. 가연성폐기물(지정폐기물 및 감염성폐기물을 제외한다)을 선별 · 파쇄 · 건조 · 성형을 거쳐 일정량 이하의 수분을 함유한 고체상태의 연료로 제조한 것으로 중량기준 폐플라스틱의 함량이 60% 이상 함유된 것을 말함

RPS(Renewable Portfolio Standards)

신 · 재생에너지발전 의무 할당제. 발전사업자의 총 발전량, 판매사업자의 총 판매량의 일정비율을 신 · 재생에너지원으로 공급 또는 판매하도록 의무화하는 제도임. (미국, 영국, 일본, 호주, 덴마크 등이 최근 도입 운영)

RPA(Renewable Portfolio Agreement)

신 · 재생에너지 공급 협약. 발전회사별로 중장기 신 · 재생에너지 개발공급계획을 수립하여 정부와 협의 후, 자발적으로 협약 체결 · 시행함

탄소포인트제

1) 탄소포인트제란?

전기, 상수도, 도시가스 등 절감량을 온실가스 감축분으로 환산하여 포인트를 지급하고, 이에 상응하는 인센티브를 제공하는 전 국민 온실가스감축 실천 프로그램임.

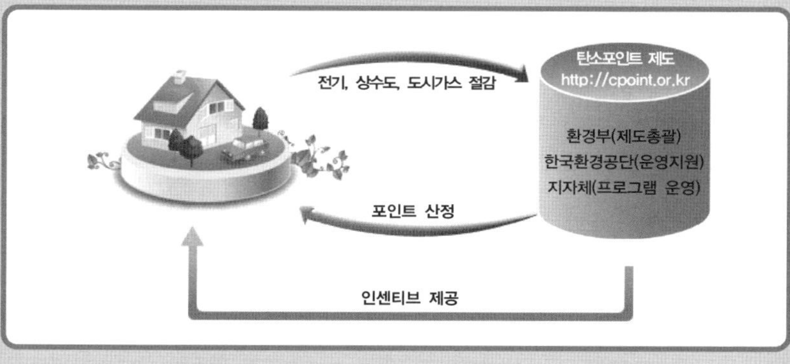

2) 참여주체별 역할

- 지자체: 탄소포인트 제도 운영 및 관리
- 가정 및 상업시설: 제도 참여 및 감축활동 실천, 감축 실적 등록
- 한국환경공단: 운영센터 관리, 기술 및 정보 제공
- 환경부: 정책지원 및 제도화 추진

3) 탄소포인트제에 참여하려면?

- 참여대상: 가정(공동주택 포함)과 상업시설의 세대주(세대구성원 포함)
- 실시항공: 전기를 기본으로 하되 지자체별 여건에 따라 상수도, 도시가스 및 지역난방 추가 실시

- 참여방법: 운영 프로그램에 접속하여 온라인으로 등록하거나 서면으로 참여신청을 작성하여 우편, 팩스 등으로 해당 지자체에 제출
- 가입절차(http://cpoint.or.kr)

홈페이지 접속 > 실명인증 및 약관동의 > 상세정보 입력 > 가입완료

※서울특별시는 개별 프로그램 사용(http://ecomileage.seoul.go.kr)

4) 포인트 산정과 인센티브 산정 방법

step 1 전기, 상수도, 도시가스 절감 > *step* 2 탄소포인트 산정 > *step* 3 포인트에 따른 인센티브 지급

- 포인트 산정 방법:
  전기 등 기준사용량 대비 확인사용량에 대한 절감량을 온실가스 배출계수를 적용하여 이산화탄소 감축량으로 환산
- 인센티브 지급 방법:
  - 1포인트당 2원 이내의 인센티브 지급
  - 인센티브 종류(현금, 교통카드, 종량제 쓰레기봉투, 공공시설 이용 바우처, 탄소캐쉬백, 표창, 지방세 납부, 고효율 기기 교체, 그린카드 포인트)

구분	5~10% 미만	10% 이상
전 기	반기 5,000포인트	반기 10,000포인트
상 수 도	반기 1,250포인트	반기 2,500포인트
도시가스	반기 2,500포인트	반기 5,000포인트

※인센티브는 지자체별로 자체적으로 설정하여 지급

ㅈ

자연 감축량(Hot-Air)

Hot-Air는 의무이행 당사국 내에서의 자연 감축량을 의미함. 감축의무를 받은 선진국 중에서 러시아나 시장경제 전환국가, 그리고 동독 같은 국가들은 경제상황 변화로 인해 의무이행 기준년도인 1990년에 비해 온실가스 배출량이 상당량 자연 감축된 것으로 알려짐

재조림(Reforestation)

이미 삼림을 포함하고 있었으면서 어떤 다른 용도로 전환되어 왔던 토지 위의 삼림에 대한 식수 조림을 의미함

* 조림(Afforestation), 산림벌채(Deforestation)

제1차 석유위기

1973년 10월의 제4차 중동전쟁을 계기로 아랍제국은 「석유를 무기」로 하는 전략을 취해 원유의 생산을 삭감함. 이 때문에 세계경제는 큰 타격을 받았으며, 이 사태를 제1차 석유위기라 함

제2차 석유위기

1978년 말부터 1979년에 걸친 이란혁명의 영향으로 석유수급이 어렵게 되어 가격인상이 이어졌기 때문에 1980년 초에는 석유의 공시가격이 전년의 2배 이상이 됨. 이를 제2차 석유위기라 함

조류발전

자연적인 조류(조수의 흐름)를 이용해 발전하는 기술임

조력발전

조석을 동력원으로 하여 해수면의 상승하강 운동을 이용하여 전기를 생산하는 발전 기술임

중질잔사유

원유를 정제하고 남은 최종 잔재물로 감압증류 과정에서 나오는 감압잔사유 및 아스팔트와 열분해공정에서 나오는 코크, 타르, 피치 등을 말함

지구환경기금(Global Environment Facility, GEF)

GEF는 세계은행(World Bank), UN개발계획(UNDP) 및 UN 환경계획(UNEP)에 의해 1990년 설립됨. 잠정적으로 협약의 재정 메커니즘을 운영하고 있으며, 전 세계 기후변화방지를 위한 개발도상국가의 프로젝트에 기금을 출연하고 있음

지구온난화지수(Global Warming Potential, GWP)

지구온난화지수는 각각의 기체들을 기준이 되는 기체들과 비교했을 때 대기하층에서 성층권까지의 상대적 가열 정도의 척도로 나타내어진 것임. 이산화탄소 1kg과 비교했을 때 어떤 온실기체가 대기로 방출된 후 특정기간 동안 그 기체 1kg의 가열효과가 어느 정도인가를 평가하는 척도임. 1995년 발간된 IPCC 2차 보고서에 의하면, 100년을 기준으로 CO_2를 1로 볼 때 CH_4가 21, N_2O가 310, HFCs가 1,300, PFCs가 7,000, SF_6가 23,900임

자발적 협약(Voluntary Agreement, VA)

에너지를 생산, 공급, 소비하는 기업과 정부가 상호신뢰를 바탕으로 에너지절약 및 온실가스배출 감축목표를 달성하기 위한 협약으로 기업은 실정에 맞는 목표를 설정하여 이를 이행하고 정부는 기업의 목표 이행을 위하여 자금 · 세제지원 등 인센티브를 제공하여 기업의 노력을 적극 지원하는 비규제적 제도임

자연형 태양열 시스템

태양열로부터 온도가 상승된 집열매체의 이동을 펌프나 휀과 같은 동력장치를 사용하지 않는 자연순환에 의한 태양열 시스템임

자연형 태양열난방(Passive Solar Heating)

건물의 구성체(적절히 설치된 창, 트롬벽 등)를 직접 사용하고 자연적인 물리현상(열전도, 자연대류 및 복사)에 의하여 난방이 가능한 태양열 난방임

저온 코우크스(반성 코우크스)(Low Temperature Coke(Semi Coke))

500~800℃ 사이의 저온에서 석탄을 건류하고 남은 고체 잔유물. 갈탄의 경우 건류온도는 400~600℃이며 토탄의 경우는 350~550℃를 최저온도로 잡음

저유황 중유(중유, B-C유, 연료유)(LS B-C / Low Sulfur B-C)

유황성분 1.0wt% 이상의 B-C유를 말하며 주로 보일러 연료, 발전소 연료 등으로 사용함

적외선복사열(Infrared Radiation)

파장이 0.76㎛~1mm 사이에 속하는 복사열을 의미하며, 여기서 태양광에서의 적외선을 대략 0.76㎛에서 5㎛ 사이이고 지구상의 기타 적외선의 범위는 5㎛ 이상임. 그리고 파장이 50㎛에서 1mm 사이를 "원적외선" 또는 "밀리미터 이하" 복사열이라고도 일컬음

전기로(Electric Furnace)

야금을 위하여 널리 사용되는 로로서 전기로부터 열을 공급받는 것임

* 처리중에 있는 물질에 열에너지를 유입시키는 주요 수단들은 다음과 같음. (주의할 점은 단지 우발적으로 로 자체를 가열한다는 것임) 직접적인 또는 잠긴 전기 아아크, 간접적인 또는 직접 저항 아아크(전기로에서 생긴 광석 찌꺼기를 지용융할 때 쓰는 것과 같음), 저항 가열, 유도 가열, 유전성 가열, 라디오 주파수 또는 초단파 가열, 프라스마에 의한 가열 등

전기분해(Electrolysis)

용융 상태 또는 용해 상태에 있는 물질에 잠긴 두 전극 사이에 전류를 통과시켜 화학물질들을 분해, 환원, 산화 또는 전위하는 과정임

전기이중층 캐패시터(EDLC)

Supercapacitor의 일종으로 전기이중층에 전하가 물리적인 흡착에 의하여 전기를 축전하고 방전하는 장치임

전력예비율

전력예비율이란 총 전력공급능력에서 최대전력수요를 뺀 것을 최대전력수요로 나눈 것임.(전력예비율 = 총공급전력량 − 최대전력수요 / 최대전력수요 * 100) 이는 당시 쓰이고 있는 전기보다 추가전력을 얼마나 더 공급할 수 있는지 보여주는 수치임. 예컨대 현재 100만큼의 전기를 생산해 공급할 수 있는데 소비되고 있는 전력은 80이라고 치면 이때 20만큼의 전기공급 시설은 쓰이지 않고 남아 있는 것으로, 전력 예비율 25%임(100 − 80 / 80 * 100)

전천일사량(Global Radiation)

어떤 시각에 태양과 하늘에서 각각 수평면에 도달한 직달 및 산란 일사량의 합

전해질(Electrolyte)

양극과 음극 사이에서 전자의 이동은 없고 이온을 이동시키는 매체임

접촉개질공정

상압증류공정으로부터 생산되는 나프타 중에는 주로 노말 파라핀이나 측쇄가 적은 파라핀과 나프텐 성분이 포함되어 있기 때문에 이들을 방향족이나 측쇄가 많은 탄화수소로 변환하면 옥탄가가 높은 휘발유를 얻을 수 있는데, 이렇게 탄화수소의 구조를 바꾸어 옥탄가를 높이는 것을 접촉개질공정이라 함

접촉개질시설(Reformer)

CDU에서 생산되는 납사(Naphtha)는 화학적 성질상 휘발유 유분에 속하나 옥탄가가 낮아(RON 60~70) 휘발유로 사용하지 못함. 따라서 탄소수가 6개인 중질납사(HSRN: Heavy Straight Run Naphtha)를 귀금속 촉매를 사용하여 고온, 고압 (약 450~530℃, 약 7~35기압)에서 개질시킴으로써(포화 탄화수소를 방향족 탄화수소 중심의 불포화 탄화수소로 개질) 옥탄가가 높은 (RON 94~104)

Reformate를 생산하여 휘발유 Blending에 사용함. Reformer에서 생산되는 제품을 Reformate라 하며 주요 성분이 방향족 탄화수소이므로 여기에서 방향족 화합물인 B.T.X.(Benzene, Toluene, Xylene)를 추출하기도 함

접촉분해공정(Catalytic Cracking)

고옥탄 가솔린 제조공정. 비등점 315~560℃의 가스오일을 원료로 사용하여 제올라이트 촉매상에서 반응시켜 가솔린을 얻음. 최근에는 금속성분에 강인한 촉매들이 개발되어 잔사유를 원료로 사용하는 공정이 상업화됨. 이 공정에서 사용되는 반응기는 유동상(Fluidized Bed)반응기로 고체 촉매를 사용하는 기체 반응에 사용되는 특수한 형태의 반응기임. 따라서 접촉분해공정을 유동접촉분해(Fluidized Catalytic Cracking, FCC)라고 부름

정격용량(Rated Capacity)

특정조건에서 방전할 때 전지가 방출하는 전하량으로, 보통 제조사에서 제시하며 단위는 Ah임

정부간협상위원회(Intergovernmental Negotiating Committee, INC)

적절한 의무사항을 포함하는 기후변화협약 제정을 위해 1990년 12월 제45차 유엔총회에서 기후변화협약 제정을 위한 정부간협상위원회를 성립. INC는 1991년 2월 1차 회의를 필두로 1992년 5월까지 6차에 걸쳐 협상이 진행되었으며, 제6차 회의 협상 최종회의에서 기후변화협약 최종안을 결정. INC협상은 협약체결 이후에도 제1차 당사국총회(COP 1) 개최까지 6차례 더 진행됨

정부간 거래원유(Government to Government Crude Oil, GG-Oil)

산유국의 지분원유에 대하여 산유국 정부 내지 산유국의 국영석유회사와 소비국 정부 또는 소비국의 국영석유회사가 메이저 등의 석유회사를 개입시키지 않고 직접 거래하는 정부간 거래원유임

정유소 가스(Refinery Gases)

석유나 석유제품의 정제 및 제조 공정중에 생성되는 가스, 주로 C1~C4까지의

탄화수소로 구성되며, 가변적인 분량의 수소, 질소 및 유화수소 약간량을 포함함

정전용량(Capacitance)

Capacitor가 단위 전압당 가질 수 있는 전하량으로 단위는 F(패럿)임

정제(분리)(Cleaning(Separation))

석탄의 광물질(회분) 함량을 줄이기 위한 처리. 석탄의 정제과정에서 원료물질은 그들이 갖는 물리적 혹은 물리화학적 특성에 따라 (기본)성분별로 분리됨

제트유, 여객기용(JA-1 / Jet A-1)

주로 민간 여객기에 사용하는 연료유로 등유유분에 여러 가지 첨가제를 넣어 만듦

제트유, 전투기용(JP-4)

주로 군용 전투기에 사용하는 연료유로 등유와 납사를 각각 50%씩 혼합한 유분에 여러 가지 첨가제를 넣어 만듦

제트유, 전투기용(JP-8)

주로 군용 전투기에 사용하는 연료유로 JA-1과 같이 등유유분에 여러 가지 첨가제를 넣어 만들며, JP-4에 비해 안정성이 우수함

주배관(Transmission Line / Pipeline)

액체연료 및 가스연료의 장거리 수송을 위한 고압배관, 일반적으로 부대설비 포함

중간유분

원유에서 정제된 각 제품중 가솔린, 나프타를 경질유분, B, C, 중유를 중질유분이라고 말하는 데 비하여 등유, 경유, A중유를 중간유분이라고 말하고 있음

중금속(Heavy Metals)

수은, 납, 세레늄, 그리고 크롬과 같은 원자량이 큰 원소. 비소, 베릴륨, 망간, 아연, 구리, 니켈, 카드뮴, 탈륨, 바나듐, 그리고 코발트도 가끔 포함된다. 이러한 원소들은 보통 산업공정에서 사용되며 환경으로 배출되면 생명체에 흡수 축적되어 독성을 나타냄

중수(Heavy Water)

D_2O 또는 수소의 동위원소인 중수소로 이루어진 물. 보통물에는 1/6,000 정도의 비율로 존재하며 어떤 원자로에서는 순수 중수를 감속재로 사용함

중유(Heavy Oil)

원유를 증류해 가솔린과 등유, 경유 등을 추출한 후에 남는 상압잔사유에서 얻어짐. 인화점이 높은 연료유임

중질(重質)원유(Heavy Distillate)

원유는 비중에 따라 경질(經質), 중질(中質), 중질(重質) 원유로 구분되는데, 중질원유로는 아라비아헤비를 포함한 이란 헤비, 쿠웨이트, 카프지원유를 들 수 있음

중질유 분해공정

비점이 높고 분자량이 큰 탄화수소를 분자량이 작은 저비점의 경질 탄화수소로 전환시키는 것을 분해라고 하는데, 석유정제에서는 주로 감압경유, 상압잔사유 또는 감압잔사유를 분해하여 고옥탄 가솔린 및 등경유를 제조할 목적으로 사용된다. 중질유 분해공정은 다음과 같이 열분해공정, 접촉분해공정 및 수소화 분해공정으로 분류할 수 있음

중질유 열분해시설(Delayed Coker)

B-C(상압잔사유)나 Vacuum Residue(감압잔사유)를 반응기에 투입한 후 고온 · 고압으로 열분해시키는 시설로 주 생산품은 LPG, 납사, 경유 및 고체 Coke임. 촉매나 수소 없이 열분해를 시키므로 분해율이 낮을 뿐만 아니라 생산된 제품들도 불포화 탄화수소가 대부분이어서 별도의 수소처리공정을 거쳐야 완전한 제품

으로 사용할 수 있으며, Coke는 고체성분으로 석탄처럼 연료로 사용하거나, 탄소전극을 만드는 데 사용함. 열분해 반응에서 생산되는 다량의 고체 Coke는 반응기에서 제거할 때 상당한 시간이 필요하므로 보통 두 개의 반응기를 설치하여 교대로 운전하며, 국내에는 현대정유의 19,000BPSD 규모의 Delayed Coker가 유일함

증가목표(Growth Target)

기준년도 배출량 대비 증가를 허용토록 감축목표를 설정하는 것을 말함

지구온난화(Global Warming)

대기중에 존재하는 이산화탄소(CO_2)와 같은 온실가스가 태양열이 지표면에 복사된 후 우주공간으로 방출되는 것을 흡수 차단함으로서 온실과 같은 현상을 가져와 지구대기의 기온이 상승하는 것을 말하며, 이를 온실효과(Greenhouse Effect)에 의한 지구온난화라 함

지역냉난방(District Heat and Cooling)

일정지역의 다수의 건물에 동시에 냉난방을 하는 방식. 가정의 집중난방이나 빌딩의 공기조절을 지역으로 확대한 것으로 중앙에 냉난방 플랜트를 만들어 거기서 파이프를 통하여 주변의 빌딩에 냉난방기능을 공급함

지역에너지 시스템

태양에너지, 지열, 해양에너지 등 그 지역의 특성과 자주성에 대응하고, 또한 환경, 공해, 입지문제를 고려한 에너지시스템을 말함

지열에너지

지열은 지하의 물체가 갖는 열을 말함. 지열은 지구가 생성될 때있던 열로 아직 방열되지 않은 상태이거나 우라늄이나 토륨 같은 방사선원소의 붕괴에 의하여 생기는 것이라고 생각할 수 있음. 일본과 같이 화산이 많은 고온지열지대는 지하에 용융암석의 활동에 의한 것으로 여기에 물을 주입하여 증기를 생산하고 이것으로 증기터빈을 돌려서 발전에 이용할 수가 있고 이런 시스템을 지열발전소라

고 함. 보통 화산이 없는 지대에서는 약 3,000미터 지하로 들어가면 약 섭씨 100도가 됨. 지역에 따라서는 이보다 온도가 높을 수도 있음. 파리 같은 곳에서는 약 1,500미터 정도에서 약 70도 전후의 열을 퍼올려 지역난방에 이용함

직달일사량(Direct Radiation)

태양면으로부터 발생하여 물체에 도달하는 과정에서 방향의 변화가 없이 직접 입사되는 일사량임

직류(Straight Run)

증류공정만을 거쳐 원류로부터 바로 생산된 제품을 말함

진공형 집열기(Vacuum Collector)

일반적으로 약간의 집광형 집열방식을 취하며 집열판과 덮개 사이에 진공이 형성되어 있음

질소산화물(Nitrogen Oxygen)

보통형의 연소장치에서 연료의 연소시 형성되고 방출되는 질소의 산화물임. 질소산화물은 연료중에 포함된 질소가 기여하기보다는 공기중에 있는 질소의 고온 산화에 기인된 것임. 질소산화물(대기오염에서는 NOx라고 씀)의 직접적으로는 사람의 기도를 자극하고 식물에 손상을 주기도 하며, 간접적으로는 광화학 스모그반응에 원인을 제공하고 산성비 문제도 일으킴

집광체(Concentrator)

집광형 집열기의 일부로서 태양에너지를 집열기의 집열판에 집광시켜 주는 역할을 함

집광형 집열기(Concentrating Solar Collector)

태양열 집열기로 반사경, 렌즈 혹은 그 밖의 광학기구를 이용하여 집열기 전체 면적(Collector Aperture)에 입사되는 태양광을 그보다 적은 수열부 면적(Absorber Surface)에 집광이 되도록 고안된 장치임

* 이러한 형태의 집열기는 주로 직달일사량만을 이용함
* 현재 상용되고 있는 집광형 집열기는 빛의 굴절(렌즈식 집열기)과 빛의 반사에 의해 작용되고 있는 형태로 대별될 수 있으며, 후자의 경우 반사면은 반구, 포물선, 포물선 모양의 실린더 혹은 원추 형태를 취하고 있음

집열기 표면집열면적(Collector Aperture)

집열기 정면의 단면적을 일컬으며 이곳에 수직 직달일사량이 직접 혹은 반사되어 집열판에 도달됨. 다시 말해서 태양광이 집열기의 첫 공기/덮개 경계를 통과하는 표면적임

집열기 효율(Collector Efficiency)

주어진 기간 동안 태양열 집열기에 의해 실제로 얻어진 열량과 같은 기간 동안 집열기 표면에 입사된 총 태양에너지양과의 비임

* 실제로는 모든 집열시스템은 열적관성(thermal inertia)을 보유함. 그러므로 효율계산은 균등한 조건(기후데이타, 집열기온도) 하에 일정한 기간 동안 얻어진 기록을 근거로 하여야 함

집열기 경사각(Inclination of Collector)

설치된 집열기면과 수평면에 의해 만들어지는 각임

집열매체

집열기로부터 집열된 열에너지를 축열조나 이용부로 이동시켜주는 유체(주로 물, 공기, 부동액 등)임

집열판(Absorber)

집열기의 한 부분으로서 태양광을 흡수, 열에너지로 전환하며 이를 다시 열매체로 전달해 주는 역할을 함

* 평판형 집열기의 경우, 집열판은 검고 대개 무광택 표면임

「온실가스 배출권의 할당 및 거래에 관한 법률」 관련 주요 질문 · 답변

1) 일본 · 미국 · 중국 등 주요 경쟁국들이 배출권거래제 도입을 늦추는 상황에서 도입하는 이유는?

- 일본, 미국은 국가차원의 배출권거래제는 도입되지 않고 있으나, 주 또는 지역 단위의 배출권 거래제를 운영 중
- 선제적 대응만이 기후변화 시대의 새로운 시장 질서를 선도할 수 있음

2. 국제 기후변화 협상이 불확실한 상황에서 향후 협상결과를 고려하여 도입 여부를 결정해야 하는 것은 아닌지?

- 제17차 당사국총회 결과, 現교토체제를 한시적으로 연장하고, '20년부터는 모든 당사국이 참여하는 새로운 의무 감축제체를 구축하기로 합의한 바, 우리나라의 선제적 대응을 통한 대비 및 협상력 제고 필요성이 급증

3. 산업계 및 시민단체의 의견을 충분히 수렴하였는지?

- 업종별 단체, 주요 기업 등 이해관계자와의 수십 차례 협의를 거쳐 산업계 및 시민단체의 의견을 반영하고, 수용성을 높이는 내용으로 법안을 마련하였음

4. 산업의 국제경쟁력은 어떠한 방식으로 고려할 것인지?

- 부문별·업종별 감축목표설정(배출권 할당)에서 산업 경쟁력을 고려하도록 국제경쟁력 기준을 마련하여 민감업종 및 업체를 배려

5. 2015년 제도를 시행하는 이유 및 현재시점에서 법률 제정을 추진하는 이유는?

- 제도 시행을 위한 「준비기간」이 필요하고, 경제 주체에 확실한 시그널을 제공하여 예측가능성을 높이는 한편, 기술개발투자를 촉진하기 위하여는 조속한 법제정이 필요함

6. 투기세력 개입시 탄소시장 불안정이 초래될 수 있는데, 참여자를 제한(Closed Market)해야 하는 것은 아닌지?

- 제3자의 거래시장 참여는 적정 시장가격 형성 및 유동성 공급에 기여할 것으로 기대
- 다만, 시행초기 배출권거래제의 안정적 정착을 위해 시장 안정화 조치를 취하고, 제3자 참여를 제한할 예정

7. 과징금 상한액이 높아 산업계에 부담이 되는 것이 아닌지?

- 산업계 부담을 완화하고 기업들의 불확실성을 해소하기 위해 과징금 상한을 10만 원으로 설정

8. EU에서 배출권거래제 도입으로 인한 온실가스 감축 효과는? 또한 온실가스 규제강화로 인하여 기업들이 해외로 이전 (이른바 탄소누출) 한 사례는 없는지?

- EU는 배출권거래제 도입 이후 실제 온실가스는 감소하고, 우려하였던 기업의 경쟁력 약화와 해외 이전 등의 현상은 발생하지 않고 있다고 밝힘

9. 정부의 배출권거래제 도입으로 인한 중소기업 피해에 대한 배려가 필요한 것이 아닌지?

- 배출권거래제 도입으로 비용부담이 예상되는 중소기업에 대해서는 금융·세제상의 지원 또는 보조금의 지급 등 필요한 지원을 할 예정

출처: 녹색성장위원회

ㅊ

책임분담(Burden Sharing)

EU Bubble하에서 15개국이 배출할당량을 재배분하는 것임. 책임분담에 대한 합의는 1998년 6월 룩셈부르크에서 교토의정서 비준에 대한 EU의 도구로 최종 합의함. EU Bubble이 가능한 것은 EU 15개국의 감축량 중 기여도측면에서 보면 독일, 영국, 이탈리아가 대부분을 차지하고 있고, 대다수 국가들의 기여도는 3~4% 정도이며, 핀란드 및 프랑스의 경우는 기여도가 전혀 없음. 독일과 영국이 상당한 정도의 온실가스 배출량을 줄일 수 있는 이유는 독일의 경우 동독지역에서 노후시설 개체를 통해 손쉽게 감축을 실현할 수 있고, 영국의 경우 탄광을 폐쇄하고, 북해유전에서 생산되는 천연가스 사용량을 증대시켜 나감으로써 가능한 것임

청정개발체제(CDM)

교토의정서 제12조에 규정되어, 선진국인 A국이 개도국인 B국에 투자하여 발생된 온실가스 배출량 감축분을 자국의 감축 실적에 반영할 수 있는 제도임

청정기술(Clean Technology)

저오염 및 저공해 공정기술(Low Pollution Technology)로 통칭되며, 사후처리기술(End of Pipetechnology)의 상대적 개념으로 사용됨

추가감축 / 추가성(Additionality)

교토의정서에서 사용되고 있는 용어로 공동이행(JI), 청정개발체제(CDM) 프로젝트 이행에 따른 온실가스 감축분이 그 프로젝트를 수행하지 않았을 때, 자연적인 감축분에 비해 더 많은 추가적인 감축효과를 가져와야 한다는 내용임

천연가솔린(NGL / Natural Gas Liquid)

거의 납사로만 구성된 원유로 천연가솔린이라고 불리기도 하며 주로 천연가스전에서 천연가스를 생산하는 가운데 생산됨. 납사가 주성분이면서 소량의 LPG유분, 등유 유분, 경유 유분을 포함하고 있는 Condensate와는 달리 거의 납사로만 구성되어 있어 아주 간단한 처리를 거치거나 또는 처리를 거치지 않고 바로 납사로 사용할 수 있음

천연가스(Natural Gas)

주로 메탄으로 구성되며, 지하 저장층에 천연으로 부존함

천연에너지(Natural Energy)

기술적 혹은 경제적 개발의 가능성을 고려하지 않는 천연적으로 발생하는 모든 에너지형태의 원천임

첨두부하용 발전소(Peak-load Power Station)

주로 첨두부하대 소요전력을 공급하는 발전소임

촉매(Catalyst)

자기자신의 고유한 성질은 변하지 않으면서 어떤 화학반응의 속도를 조절(촉진 또는 억제)하는 역할을 하는 물질임

촉매연소(Catalytic Combustion)

촉매를 이용하여 연소온도를 낮추어 연소시키는 방법으로 저온이기 때문에 Nitrous Oxide(NOx) 배출을 낮출 수 있음

총량규제(Regulation of Total Emission)

수질의 총량규제는 유역의 오염물질의 총량을 자연환경의 자정능력과 환경기준에서 구해진 허용 오탁부하량을 오염원에 적절히 분배하여 오탁물질의 양을 직접 중량단위로 규제하면서, 배수의 질과 양을 관리하는 방법임. 이것을 위해서는 용수의 사용합리화, 배수의 재이용, 고온처리 등 배수의 종합적인 대책이 필요함

촤(Char)

석탄을 가열하면 먼저 수분이 증발하고 그 다음에는 휘발분이 날아가는데, 그 나머지를 말하는 것으로, 주로 회분과 탄소 성분으로 구성됨. 촤(Char)를 만들기 위해서는 당연히 산소의 공급 없이 가열하여 연소를 방지시켜야 함. 촤(Char)는 연료로 사용하거나 활성탄 제조 등 다양하게 이용될 수 있음

최종 에너지소비(Final Energy Consumption)

최종에너지 소비자에게 공급된 에너지양으로 전환손실 및 에너지산업체의 자체 소비는 제외됨

추정매장량(Possible Reserves)

생산성 시험에 의해 석유의 부존이 확인되지는 않았지만, 현재까지의 자료에 의하면 석유의 부존과 생산이 가능한 곳의 매장량임

축열조

열을 저장하는 탱크나 장치임

에너지 및 탄소배출권 관련 사이트

에너지관리공단:	http://www.kemco.or.kr 에너지관리공단은 에너지이용합리화사업을 효율적으로 추진함으로써 이산화탄소의 배출을 저감시키고 국민경제의 건전한 발전에 이바지함을 목적으로 합니다. 기후변화에 대비한 에너지이용문화 창조, 에너지이용 효율성 향상 및 미래의 에너지원인 신 · 재생에너지의 기술개발 및 보급 등 에너지이용 합리화를 위한 다양한 사업을 추진하고 있습니다.
녹색성장위원회:	http://www.greengrowth.go.kr 녹색성장위원회는 정부의 녹색성장 정책을 심의하고 조율하기 위해서 설립된 대한민국 대통령 소속의 위원회입니다. 녹색성장 추진 방향 및 주요 정책, 국내외 동향, 녹색시민 참여 등을 제공하고 있습니다.
한국환경공단:	http://www.keco.or.kr 환경종합 전문기관으로 기후변화대응, 신재생에너지 개발, 4대강 수질개선 등 사업 안내, 홍보동영상을 제공합니다.
환경재단:	http://www.greenfund.org 환경재단은 문화적인 접근방식과 전문성을 가지고 환경문제를 가장 시급하고 중요한 문제로 인식하도록 돕는 아시아 환경 네트워크의 중심입니다. 그린뱅크, 그린교육, 그린페스티벌 등 환경과 생명의 소중함을 전달하는 매체입니다.
Global Green Growth Institute:	http://www.gggi.org 글로벌 파트너십을 바탕으로 녹색성장을 이론적으로 체계화하는 동시에 각국의 경제사회적 여건에 맞는 녹색성장의 체계적 실천방법을 모색하고 개도국에 녹색성장 전략을 제시하는 글로벌 연구소 설립을 통해 선진국과 개도국 간 가교 역할 수행을 목표로 합니다.
산림청:	http://carbon.forest.go.kr 기후변화란 무엇인지 원인과 산림의 역할과 영향에 대하여 자세한 내용을 제공하고 있습니다.
기후변화정보센터:	http://www.climate.go.kr 기후변화정보센터는 국내외 기후변화 정보사이트들에 대한 자료를 토대로 기후변화 과학 정보에 대한 이해를 돕고자 하는 취지로 구성되어 있습니다.

Green College:	http://cafe.naver.com/greencollege 국가 차세대 리더가 될 대학생 여러분이 직접 '저탄소 녹색성장'을 배우고, 함께 고민하고, 실천하면서 스스로의 녹색 커리어 비전을 찾아가는 프로그램입니다.
저탄소녹색성장 국민포럼:	http://www.kookminforum.or.kr 범 정부적 차원에서 저탄소 녹색성장이라는 새로운 패러다임에 대해 구현할 수 있는 입법 및 정책 사안들을 연구하며, 국민적 공감대를 확대하기 위한 국민포럼입니다. 저탄소 녹색성장 전략, 입법 및 정책사안 연구, 국민 공감대 확대 방안 등을 안내하고 있습니다.
녹색성장위원회:	http://me.greengrowth.go.kr 저탄소 녹색성장을 위한 녹색성장 10대 정책과제 및 해외동향 등을 소개하고 있습니다.
이산화탄소저감 및 처리기술개발사업단:	http://www.cdrs.re.kr 교육과학기술부 21세기 프로티어사업단으로, 이산화탄소 저감을 위한 기술을 개발하며 특허 기술 정보를 제공하고 있습니다.
녹색성장포럼:	http://greengrowth.kei.re.kr 녹색강국으로 발돋움하기 위해 구체적인 실천전략 또는 국가발전 뉴패러다임을 제시하고 있습니다.
IPCC:	http://www.ipcc.ch IPCC의 주된 활동 중 하나는 1992년 리우 환경 정상회담에서 채택한 유엔기후변화협약(UNFCCC)과 1997년 발효된 교토의정서의 이행과 관련한 문제들에 대해 특별보고서를 작성하는 일입니다. 1990년 이후 4차례에 걸쳐 비롯된 공해 물질이 기후 변화에 어떤 영향을 끼치는지 과학적, 기술적, 사회경제학적으로 분석한 결과를 제공하고 있습니다.
그린스타트:	http://www.greenstart.kr 녹색성장을 통한 저탄소 사회구현을 위해 일상생활에서 온실가스 줄이기를 실천하는 범국민운동 홈페이지입니다. 기후변화관련 정보와 자료 등을 제공하고 있습니다.
녹색성장지표:	http://green.kostat.go.kr/ 녹색성장 국가전략의 이행수준을 평가하기 위한 지표로서, '녹색성장 5개년 계획'의 3대 분야 및 10대 정책방향을 지표 작성틀로 하여, 30개 지표로 구성되어 있습니다.

UNFCCC:	http://www.unfccc.int 지구온난화 현상을 방지하기 위해 92년 6월 리우 UN환경개발회의에서 채택된 기후변화협약(UNFCC)은 94년 2월 정식 발효되었습니다. 이러한 목적을 두고 교토협약 등 각국의 의무사항, 조직사항 등의 정보들을 기재하고 있습니다.
Green Growth:	http://www.greengrowth.org 아시아 태평양 경제사회위원회 녹색성장 사이트입니다. 국가별 녹색성장 정책 정보 등을 제공하고 있으며 특히 한국의 녹색성장 관련 정보들을 주로 다루고 있습니다.
APCC:	http://www.apcc21.net APEC 기후센터는 유럽을 대표하는 「유럽중기예보센터」와 함께 아시아 · 태평양지역을 대표하는 국제기후센터입니다. APEC 기후센터는 이상기후에 의한 자연재해 경감과 기후정보의 사회 · 경제적 활용성을 높이기 위한 목적으로 설립되었으며, 기후변화 및 변동의 파급효과를 경감시킬 수 있는 모델간앙상블(Multi-Model Ensembl, MME)기술을 독자적으로 개발, 확률예보와 기후감시정보를 비롯한 최적의 기후예측정보를 21개 APEC 회원국에 실시간으로 제공하고 있습니다.

ㅌ

탄력성(Elasticity)

동일 기간에 독립변수의 변화와 관련 종속변수의 변화간의 관계임

탄소집약도(TC/TOE)

소비한 에너지로 인해 배출된 CO_2량을 에너지 총에너지소비량으로 나눈 값으로서 탄소집약도가 높다는 의미는 상대적으로 탄소함유량이 높은 에너지이고, 탄소에너지 사용 비율이 높다는 것임. 예를 들어 동일한 열량의 에너지를 얻기 위해 전체를 석탄으로 소비하는 경우와 전체를 천연가스로 소비하는 경우를 비교하면 전자의 경우가 후자에 비해 탄소집약도가 높음

탄소포집 및 저장(CCS)

화석연료 발전공장과 같은 대규모 배출원으로부터 이산화탄소를 포집하고 대기로부터 격리하여 영구적으로 저장하는 방식으로 지구온난화를 완화하는 접근 방식임

탄소고정(Carbon Sequestration)

탄소의 흡수(uptake) 및 저장(storage). 예를 들어 나무나 식물들은 이산화탄소를 흡수하고 산소를 내뿜으면서 탄소를 생물체의 체내에 저장함. 화석연료의 연소로 발생한 온실가스는 이러한 방식으로 바이오매스에 일시적으로 저장되었다가 연소되면서 다시 대기중으로 방출됨

탄소순환(Carbon Cycle)

대기, 해양, 육상 생물권 및 암석권을 통해 움직이는 탄소의 흐름(예를 들어 이산화탄소와 같이 다양한 형태로)을 기술하는데 사용되는 용어임

탄소환산톤(Ton of Carbon Equivalent, TC)

다양한 온실가스 배출을 지구온난화지수(GWP)에 기준하여 비교 가능하도록 CO_2 배출량을 기준으로 할 때 이를 탄소의 무게만으로 다시 환산하여 비교하도록 만든 측정수단. CO_2는 탄소원자 1개와 산소원자 2개가 결합하여 생기므로 이 중탄소만의 무게를 구하기 위해 이산화탄소 환산치에 12/44를 곱함.

온실가스 배출량×지구온난화지수(GWP)×12/44

탄화(건류)(Carbonization(Drying))

공기가 없는 상태에서 유기원료를 가열하여 코우크스, 석탄가스, 타르를 얻는 것임

태양건조기(Solar Drying)

농산물과 공산물을 건조하기 위하여 태양열을 이용하는 기법임

태양고도(Solar Altitude)

태양면의 중심부에서 관찰점으로 그은 선과 관찰점으로 통한 수평면 사이에 이루어지는 각, 여기서 방위각(Azimuth)이란 태양을 통하여 지나가는 수직면과 남북의 수직면과 이루어지는 각을 의미하고 이로 인하여 태양의 궤도를 수평면으로 전환시킬 수 있음

태양광 모듈(Photovoltaic Modules)

태양전지를 실제 사용시에는 모듈의 형태로 제조하는데, 태양전지를 직병렬 연결하여 장기간 자연환경 및 외부 충격에 견딜 수 있는 구조로 만들어진 형태임. 전면에는 투과율이 좋은 강화유리를 사용하고, 뒷면에는 테들러, 태양전지와 앞 뒷면의 유리, 테들러(Tedlar)는 EVA를 사용하여 접합시키는데 이를 Lamination 공정이라 함

태양광 어레이(Photovoltaic Array)

실제 사용부하에 맞게 여러 개의 태양광모듈을 지지대에 설치한 형태임

태양광-수소(PV-Hydrogen)

태양전지를 이용하여 전기를 만들고 이를 전원으로 하여 물전기 분해로 수소를 만드는 방법임

태양광 발전(Photovoltiac Power Systems)

태양전지를 이용하여 실제 수요부하에 맞게 구성한 발전시스템으로 태양전지로부터 발생되는 직류를 교류로 변환시키는 인버터, 흐린 날 사용을 위한 저장용 배터리 등으로 구성. 시스템이 전력 계통선과 연계한 경우 이를 계통 연계형 시스템, 낙도와 같이 전력 계통선이 없어 자력발전만 하는 경우 이를 독립형 시스템으로 칭함

태양로(Solar Furnace)

내열성 물체나 용융하고자 하는 물질에 태양광을 집광시킴으로써 높은 온도를 얻을 수 있게 설계한 로(Furnace)로서 열발전에 주로 사용되고 있음

태양로 발전소(Solar Thermal Power Station)

태양열을 열매체에 전달하여 수집된 열에너지를 전기에너지로 바꾸도록 설계된 발전시설임

* 태양열 탑 발전소(Solar Tower Power Station)는 태양열을 집열하기 위한 탑을 세우고 다수의 거울로 태양광을 탑에 반사시켜 집열된 고온의 열에너지를 전기에너지로 바꾸는 태양열 발전소의 일종임

태양연못(Solar Pond)

자연적 또는 인공적으로 조성된 태양열을 집열하는 연못으로 염도구배(Salinity Gradient)를 조성하여 온도성층 조건을 역으로 유지시켜 바닥으로 갈수록 물의 온도가 높게 유지됨. 태양연못으로부터 얻은 열에너지는 주로 산업공정열이나 열발전용으로 사용되고 있음

태양열 온수급탕(Solar Water Heating)

물을 가열 또는 예열하기 위해 태양열을 집열하여 사용하는 시스템으로 주로

가정용으로 널리 보급되어 있으며 이를 가정용 온수급탕시스템(DHWS)이라고도 부름

태양열에너지

태양으로부터 방사되는 복사에너지를 흡수, 저장 및 열변환 등을 통해 얻어지는 무공해, 무한정의 청정 에너지원으로, 태양열 이용시스템은 집열부, 축열부 및 이용부로 구성되어 있음

태양열 집열기(Solar Collector)

입사되는 태양광을 흡수; 열에너지로 전환하여 열전달매체에 전달될 수 있도록 고안된 장치임

* 경우에 따라서 '집열기'라 함은 태양광을 집열하는 부분만을 지칭하고 시스템 전체를 가르켜 '태양광/태양열 전환장치(Heliothermal Converter)'라 하기도 함

태양의존율(또는 태양열 절감률)

열부하 중 태양열에 의해서 공급하는 비율임

태양적위(Solar Declination)

태양의 정오에 위치할 때 적도면과 이루어지는 각임

* 적위는 연중시간에 따라 변화함 (하지 때 +23.45℃: 동지 때 −23.75℃: 춘추분때 0℃)

태양전지(Solar Photovoltaic Cell)

광기전력효과(Photovoltaic Effect)를 응용함으로써 태양에너지를 직접 전기에너지로 변환할 수 있는 소자임. 광기전력효과에서와 같이 태양광에 의해서 발생된 전하운반자(Carrier)는 내부전기장에 의하여 외부회로를 통하여 흐르게 됨

* 실제로 전지로 구성된 집합체는 모듈에 부착되고 모듈은 다시 판이나 배열(arrays) 형태(직렬, 병렬 또는 직, 병렬 혼합형)로 제작됨. 현재 태양전지의 응용은 전지의 특성을 최대 활용할 수 있는 조건을 갖고 있는 분야에 국한되어 있음. 예를 들어 태양펌프, 광학신호, 통신, 배터리 충전, 인공위성 전원, 전기분해, 화학전지 또는

배터리 대체용(시계, 계산기, 장난감 등)으로 활용되고 있음. 태양전지의 적용을 확대해서 생각해 보면 대규모 광 발전소를 들 수 있으나 모듈 값이 내려가야만 가능하다는 판단임

태양정수(Solar Constant)

태양과 지구의 평균거리에서 지구의 대기권을 벗어난 곳에서 수직으로 입사되는 일사량을 의미하며 이 수치는 1,367±5W/m^2로 상용되고 있음

태양조리기(Solar Cooker)

음식조리를 위해 태양열을 이용할 수 있도록 설계된 집열기로서 일반적으로 우산모양의 집광장치를 갖추고 있음

탱크로리(Road Tanker / Tank Truck)

석유제품과 같은 액체화물의 수송을 위한 차량임

터보기관(Turbo Engine)

압축기가 장치된 연소기관이며, 압축기는 대기압에 비해 연소공기의 압력을 증가시키는 역할을 함. 이 압축기는 고온의 배출가스에 의해 작동되는 터빈에 의하여 작동되어짐

터빈(Turbine)

기관의 하나로서 작동 매체를 터빈축차의 회전 날개에 부딪치게 함으로써 동력축에 동력을 공급하는 데 필요한 회전동작을 얻는 것임

* 작동유체로서 물, 스팀 또는 바람을 사용하는 터빈들이 최종 소비자에 의해서라기보다는 에너지 공급자들에 의해서 가장 흔하게 사용되고 있음

토탄(Peat)

가연성, 연성, 다공성이거나 압축성, 수분함량이 높은 식물성의 화석 퇴적물(최고 90%까지의 높은 수분함량). 쉽게 부서지고 연한 갈색에서 짙은 갈색임

토지이용 및 토지용도변경과 산림(Land Use, Land-use Change and Forestry, LULUCF)

탄소흡수원으로써 혹은 방출원으로써 지구온난화를 방지하는 활동범위에 대한 논의로 이 분야는 아직도 과학적인 그리고 또 다른 부분의 불확실성과 위험을 안고 있는 상태임

투과율(Transmittrance / Transmission Factor)

어떤 물체의 표면을 투과한 복사에너지와 같은 표면에 입사된 총 복사에너지와의 비임

트롬벽(Trombe Wall)

표면이 검은색으로 칠해진 열용량이 큰 주거건물의 남쪽벽(40cm 두께)으로, 일정간격을 두고 유리창으로 덮혀 있으며 낮 동안 벽의 상하단부의 통풍구를 통한 공기의 자연대류로 주거공간을 난방할 수 있으며, 밤에는 벽에 축열된 복사열을 이용하여 주거공간의 난방 역시 가능함

기후변화현상

지난 2003년 여름에 알프스산맥의 마터호른에서 수천 입방미터의 암석과 빙하가 무너져 내려 엄청난 피해가 발생하였다. 실제로 산업혁명 후 알프스산맥의 빙하는 절반 이하로 감소되었으며 대규모 빙하붕괴는 유럽인들에게 지구온난화의 위험성을 새롭게 인식하는 계기가 되었음.

1만 7천 년 동안 한 번도 녹은 적이 없었던 아프리카의 최고봉 킬리만자로 정상의 만년설이 지구온난화로 녹아내리고 있으며 2020년쯤이면 킬리만자로의 만년설은 지구상에서 완전히 사라질 것이라고 함. 이러한 현상은 킬리만자로뿐만 아니라 모든 열대지역의 공통된 현상이며 빙하가 소멸되면 하류지역에서는 물 부족 현상이 심화될 수밖에 없음.

북극해에는 대륙 없이 2m 두께의 빙하층만 있으나 지구온난화로 1900년보다 빙하면적이 77%로 감소하였으며 빙하두께도 40%나 얇아짐. 이대로 가면 금세기 내에 북극해의 빙하가 소멸되고 북극에 살고 있는 북극곰과 에스키모인들은 삶의 터전을 잃게 되며 실제로 최근에는 북극해의 얼음이 얇아져 익사하는 에스키모인이 증가하고 있다고 함.

현재 우리나라도 해수면의 상승으로 바다가 매년 30cm의 속도로 육지를 향해 들어오고 있다는 연구결과가 발표되고 있어 더 이상 남의 나라 일로만 생각할 수 없게 되었음.

기후변화에 의한 영향 중 해수면 상승은 일부에 불과하다. 0.5℃ 기온상승은 작은 수치로 보이지만 이는 지난 10,000년 동안 지구가 겪은 가장 큰 변화임. 이렇게 작은 온도의 증가로 우리가 알고 있던 날씨의 흐름까지 바뀌었음.

1997년 가뭄으로 동남아시아는 산불과 짙은 연기로 고통받았고 1998년 양쯔강을 휩쓴 대홍수, 미국의 불볕더위, 유럽의 대홍수, 우리나라에서는 3주간의 집중폭우가 발생하는 등 기상재해는 날이 갈수록 규모가 커지고 자주 발생하고 있음.

기하급수적으로 성장하는 산업에 비해 자원을 제공하는 자연환경은 유한함. 환경이 파괴되고 나면 경제성장은 전혀 의미가 없으므로 선진국을 중심으로 전 세계가 동요하기 시작했음. 지구의 기후는 점진적으로 변하는 것이 아니라 시위를 떠난 화살처럼 빠르고 급격하게 일어나기 때문에 대기중의 온실가스가 점점 증가하면 수년 또는 수개월 내에 우리가 감당하기 어려운 기후변동이 나타날 수 있다는 점을 간과해서는 안 됨.

출처: 탄소시장의 비밀(김태선 지음)

ㅍ

파력발전

입사하는 파랑에너지를 터빈 같은 원동기의 구동력으로 변환하여 발전하는 기술임

폐기물에너지

사업장, 가정에서 발생되는 가연성 폐기물 중 에너지 함량이 높은 폐기물을 열분해, 고형화, 연소 등의 가공처리를 통해 고체연료, 액체연료, 가스연료, 폐열 등으로 생산하여 생산활동에 재이용할 수 있는 재생에너지임

풍력발전

바람의 힘을 회전력으로 전환시켜 발생되는 전력을 전력 계통이나 수요자에 직접 전력을 공급하는 기술로 시스템은 풍차, 동력전달장치, 발전기, 축전지 및 전력변환장치로 구성되어 있음

평판형집열기(Flat Plate Collector)

태양광의 밀도를 증가시키는 집광장치가 따로 없는 집열기로 보통 구조는 평판형으로 되어 있음

* 이러한 형태의 평판형 집열기에는 전천일사량이 사용됨
* 액체식 집열기는 관 및 판(Tube and Sheet) 집열기, 관 및 휀(Tube and Fin) 집열기, 롤 본드(Roll-Bond) 집열기, 유하식(Trickle) 집열기, 하이트 파이프식(Heat-Pipe) 집열기 등임

폐열보일러(Waste Heat Boiler)

각종 공업 프로세스에서 배출되는 고온기체의 열을 이용하여 증기를 발생시키는 장치를 폐열보일러라고 함. 소각로의 여열보일러도 여기에 속함

폐열의 이용(Utilization of Waste Heat)

쓰레기 소각로의 폐기이용은 폐열보일러에서 발생되는 증기 또는 온수의 열로 쓰임. 증기이용법으로는 발전, 냉 · 난반용, 공장프로세스 증기용 등이 있으며, 온수이용법으로는 공장 내의 급탕, 목욕탕용, 냉난방용, 온수풀용, 온수용 등이 있음

풍력-수소(Wind-hydrogen)

풍력발전에서 얻는 전기를 전원으로 하여 물분해 수소 제조하는 방법임

프로판(Propane)

분자식 C_3H_8의 파라핀계 탄화수소로, 일반적으로 석유정제나 천연가스 생산시 부산물로 얻어지는 가스이고 부탄가스와 함께 LPG로 불리며, 중질유 분해나 접촉개질, 천연가스 생산시 부산물로 생산되기도 함. 프로판은 주로 가정에서 취사나 난방에 사용하는 LPG로 천연가스가 공급되지 않는 지역에서는 도시가스로도 사용됨

플라이 애쉬(Fly Ash)

연료의 연소에 의하여 비산되는 무기성 화분으로 미분탄연소인 경우는 특히 플라이 애쉬가 많음. 플라이 애쉬는 집진기로 제거할 수 있음. 플라이 애쉬는 고정탄소를 포함하는 흡착성이 있으므로 수처리에 이용하는 일이 있음

온실가스의 정의

❐ 온실가스의 정의

"온실가스"란? 이산화탄소(CO_2), 메탄(CH_4), 아산화질소(N_2O), 수소불화탄소(HFCs), 과불화탄소(PFCs), 육불화황(SF_6) 및 그 밖에 대통령령이 정하는 것으로 적외선 복사열을 흡수하거나 재방출하여 온실효과를 유발하는 대기중의 가스 상태의 물질을 말한다(저탄소 녹색성장 기본법 제2조 제9항).

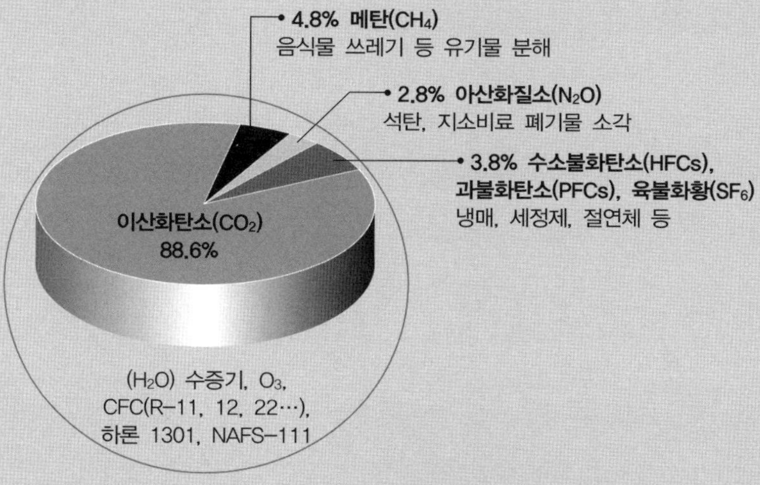

[온실가스의 종류 및 특징]

구분	특징	지구 온난화지수
이산화탄소 (CO_2)	주로 화석연료 연소를 통해 발생되는 기체로 지구온난화지수는 낮으나, 전체 온실가스 배출량 중 약 80% 이상을 차지하고 있습니다.	1

메탄 (CH_4)	유기물이 분해될 때 주로 발생되며, 소나 닭과 같은 가축의 배설물의 분해과정에서 발생되며, 메탄의 발생량은 약 4.8%로 이산화탄소에 비해 작은 양이 발생되나, 메탄 1 분자가 일으키는 온실효과는 이산화탄소의 21배로 지구 전체 온실효과의 15~20% 이상을 차지합니다.	21
아산화질소 (N_2O)	석탄을 채광하거나, 연료가 고온연소시, 질소비료를 통해 발생되며, 발생량은 약 2.8%입니다.	310
수소불화탄소 (HFCs)	흔히 냉장고나 에어컨 등의 냉매로 사용되는 기체로서 불연성, 무독성의 특징이 있습니다.	140~ 11,700
과불화탄소 (PFCs)	탄소(C)와 불소(F)의 화합물로 전자제품, 도금산업, 반도체 제조시 세척용으로 사용되는 기체	6,500~ 92,000
육불화황 (SF_6)	전기제품, 변압기 등의 절연가스로 사용됩니다.	23,900

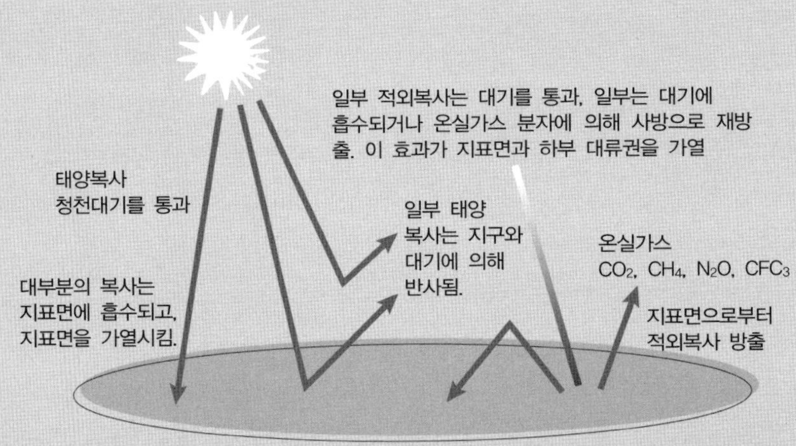

출처 : 기상청 기후변화정보센터(2005)

※ GWP(지구온난화지수, Global Warming Potential) : 온실가스들이 지구온난화에 기여하는 정도를 상대적으로 표시한 수치로 IPCC에서는 이산화탄소를 1로 보고, 메탄은 21이다.

ㅎ

함수율(Moisture Content)

수분이 포함된 연료에서 수분의 양, 무게백분율로 표시함

* 총수분: 유리수분과 수분의 합

* 수분표준: 연료시료석의 수분 표준조건은 온도 30℃, 상대습도 96~97%임

합성액체연료(Synthetic Liquid Fuel)

4~10%의 타르상태의 오일쉘(Oil Shale), 석탄액화에서 얻어지는 석유류의 액체연료유를 총칭해 부름. 석탄액화는 기술적으로 가능하지만 대량의 수소를 필요로 하기 때문에 경제성 확보가 과제로 남아 있음

항공휘발유(Aviation Gas / Aviation Gasoline)

제트엔진을 사용하지 않는 소형경량 항공기의 엔진은 자동차의 휘발유엔진(피스톤 엔진)과 같은 구조로 되어 있으며 이 엔진에 사용되는 휘발유를 말함. 항공기의 엔진은 자동차의 엔진에 비해 압축비가 높고, 고속으로 회전하며, 지상보다 조건이 까다로운 고공에서 운전되므로 이에 사용되는 휘발유는 고옥탄가가 요구될 뿐만 아니라 기타 출력, 휘발성, 산화안정성, 어는점 등의 규격이 일반 자동차용 휘발유보다 까다로움

핵연료 사이클(Nuclear Fuel Cycle)

천연우라늄의 채광에서 제련, 농축, 성형가공, 원자로 내의 연소, 전환, 사용된 연료의 재처리(감손우라늄이나 플루토늄 등을 떼어내서 다시 핵연료로서 재이용함)까지의 일련의 순환을 말함. 핵연료 사이클의 확립은 핵연료의 안전공급과 효율적 이용면으로 보아 극히 중요한 일임

핵연료(Nuclear Fuel)

우라늄이나 플라토늄 등 중성자에 의한 핵분열을 일으켜 에너지를 발생하는 물질을 함유하는 것을 말함. 이들을 원자로에 넣어서 핵분열 연쇄반응에 의하여 에너지를 발생시킴

핵융합(Nuclear Fusion)

수소, 중수소, 삼중수소 등 질량이 가벼운 원자핵 2개가 융합해 무거운 원자핵이 생기는 반응을 말하며, 이때 방출되는 에너지를 이용해 발전 등을 하는 것을 핵융합로라고 함. 핵분열과 달리 방사선 폐기물이 발생하지 않는 특징이 있지만, 종래의 열핵융합형의 노에서는 고온고밀도의 플라즈마(원자핵과 전자가 혼재되어 있는 상태)를 만드는 것이 기술적으로 어려워 실현은 21세기 후반에 이루어질 전망임. '89년 3월 구미의 과학자들에 의해 상온핵융합이 발표되어 활발한 논의가 일어나고 있음

현열(Sesible Heat)

가열된 물질이 상태변화가 없는 경우 보유하고 있는 열량임

형상기억합금

일정한 형상을 기억하면 변형을 시켜도 적당히 가열함으로써 다시 본래의 모습으로 되돌아오는 것이 형상기억합금임. 이 합금은 일정한 열처리를 함으로써 모양을 기억시킴. 예컨대 니켈 · 티탄의 합금의 경우, 성형시킨 모양을 그대로 고정시켜 섭씨 4백~5백도의 온도로 30분 정도 유지시킴. 이런 처리 과정을 거치면 어떤 모양으로 변화시켜도 가열하면 본래의 모양으로 되돌아가는데 이 합금은 그 모양을 기억했다고 볼 수 있음

해양에너지

조석, 조류, 파랑, 해수 수온 밀도차 등 여러 가지 형태로 해양에 부존하는 에너지원임

흡수원(Sink)

대기중 온실가스를 흡수하여 지구온난화 현상을 줄이는 행동으로 교토의정서에서는 신규조림, 수종 갱신 등으로 흡수원을 규정함

히트펌프

냉동기의 응축기로부터 방열되는 열을 난방용으로 사용하도록 한 장치를 히트펌프라고 함. 히트펌프는 증발기 측에서 후레온이 증발하면서 저온부로부터 열을 빨아들이고 증발된 증기가 압축기에 의하여 압축되면서 고온부인 응축기에서 응축함. 이때 발생되는 열을 이용하며 열을 빨아들이는 저온부로는 자연에너지인 대기가 될 수도 있고 폐열원, 태양에너지가 될 수도 있음. 저온부를 땅에 묻으면 지열을 이용할 수도 있음

화석연료(Fossil Fuel)

지각에 파묻힌 동식물의 유해가 오랜 세월에 걸쳐 화석화하여 만들어진 연료로서 석탄 · 석유 · 천연가스 등이 해당되며 현재 인류가 이용하고 있는 에너지의 대부분이 이에 해당됨. 19세기 이후 석탄을 에너지로 사용함으로써 산업혁명이 일어나게 되었고, 그 뒤 석유와 천연가스가 발굴되어 이들 에너지의 사용량이 급격히 늘어남. 반면 이들 화석연료는 지구상에서 매장 지역, 즉 자원의 편중이 심하기 때문에 가격과 공급 면에서 항상 불안정함. 화석연료로부터 발생하는 환경오염도 심각해 공장 · 자동차 배기가스 등에서 비롯되는 대기오염을 비롯해 최근 이산화탄소 등 온실가스 배출로 인한 기후변화 문제의 원인이 되고 있음

기후변화에 대한 국제적 협약

▶ 기후변화에 대한 국제적 협약

기후변화에 적극 대처하기 위하여 국제사회는 1988년 UN총회 결의에 따라 세계기상기구(WMO)와 유엔 환경계획(UNEP)에 「기후변화에 관한 정부간 패널(IPCC)」을 설치하였고, 1992년 6월 유엔환경개발회의(UNCED)에서 기후변화협약(UNFCCC)을 채택

- **국가 간 기후변화협약 체결 경과**

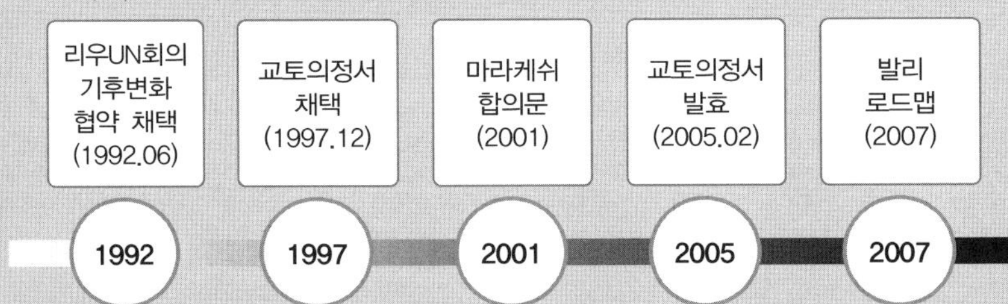

[주요 국가 온실가스 중기 감축목표 발표현황]

구분	발생원인
한국	2020년까지 2020년 배출전망(BAU) 대비 30% 감축 ('09.11.17, 이명박 대통령 발표, 국무회의)
일본	2020년까지 2005년 대비 30%(1990년 대비 25%) 감축 ('09.9.22, 히토야마 총리 발표, UN정상회의)
영국	('08.11월 발효 '기후변화법') '90년 대비 최소 26% 감축 ('09.2, 재무부) '90년 대비 최소 34% 감축 ('09.7, 기후변화에너지부) '90년 대비 36% 감축('저탄소전환계획' 의회 제출)
미국	2020년까지 2000년 대비 17%(1990년 대비 4%) 감축 '09.6월 하원통과 'Waxman–Markey 법안'에 명시

구분	발생원인
호주	2020년까지 2000년 대비 5~15% 감축 – 범세계 동참시 25% 감축 추진 중인 '탄소오염감축정책(CPRS)'에 규정
남아공	중기목표 제시전망 불명확, 장기계획 중심 2050년까지 2003년 대비 이론상 가능목표(30~40% 감축, required by science) 공표, 이의 달성위한 시나리오 검토중 '07.10월 민·관·산 합동 장기감축잠재량팀이 보고서 통해 발표
캐나다	2020년까지 2006년 대비 20% 감축
EU	2020년까지 1990년 대비 20% 감축 – 범세계 동참시 25% 감축 – 국가별 감축량은 GDP를 고려, 각국이 결정하도록 권고 '08.12월 '20-20-20 기후변화종합법'에 명시('09.4월 시행) * 20-20-20 : '20년까지 온실가스 배출량 20% 감축 & 재생에너지 사용 비율 20% 확대
멕시코	2012년 5천만 톤 감축 계획 '09.6.5 칼데론 대통령이 언론회견 통해 발표 2020년 중기목표는 금년 하반기 중 발표 예정
브라질	명확한 수치는 제시하지 않았으나 '20년
인도	특정 수준의 감축의무 강제는 수용 불가
중국	선진국의 2020년까지 40% 감축 전제 없이는 중기감축목표 설정 불가
러시아	2020년까지 1990년 대비 10~15% 감축 '09.6월 메브데프 대통령 발표(언론회견)
대만	2025년까지 2000년 수준복귀(지속에너지정책강령, '08.6)

기후변화 당사국총회

지구 온난화로 인한 장기적 피해를 줄이기 위해 1992년 유엔 환경개발회의에서 체결한 기후변화협약의 구체적인 이행방안을 논의하기 위해 매년 개최하는 당사국들의 회의. 1995년 3월 제1차 총회가 열렸음. 약자는 COP. 1992년 브라질 리우데자네이루에서 각국 정부 대표가 중심이 되어 열린 유엔환경개발회의(UNCED)에서 채택한 기후변화협약이 담고 있는 이산화탄소·탄산가스·메탄가스·프레온가스 등 온실가스의 방출을 제한하여 지구온난화를 방지할 목적으로 온실가스 규제문제, 재정지원 및 기술이전 문제, 특수상황에 처한 국가에 대한 고려 등의 구체적 이행 방안을 논의하기 위해 열리게 되었음.

제1차 당사국총회는 1995년 독일 베를린에서 개최되어 2000년 이후의 온실가스 감축 목표에 관한 의정서를 1997년에 열리는 제3차 당사국총회에서 채택하기로 하는 베를린 위임사항(Berlin Mandate)을 채택함. 이에 따라 1997년 일본 교토에서 열린 제3차에서 온실가스의 구체적 감축목표를 설정한 교토의정서(Kyoto Protocol)가 채택되었음. 1999년 독일 본에서 개최된 제5차 당사국총회에서 한국은 개발도상국의 경제성장을 보장하는 새로운 참여방식의 필요성을 지적하고 자발적이며 비구속적이라는 전제하에 참여할 수 있다는 의사를 표명함.

2001년 7월 독일 본에서 개최된 제6차 당사국총회 속개회의에서 미국을 배제한 채 교토의정서 체제에 대한 합의를 이루어졌음. 2006년 11월 케냐 나이로비에서 개최된 제12차 당사국총회에는 180개국 6000여 명 대표가 참석해 2012년 이후 선진국 추가의무부담(AWG), 선·개도국의 장기협력 대화체제(Dialogue), 교토의정서에 대한 주기적 검토(교토의정서 9조) 및 자발적 감축 목표 등 교토 체제 이후에 대해 본격적으로 논의하였음.

기후변화협약 당사국총회 개최지

1992. 6 기후변화협약 채택(리우회의)
1994. 3 기후변화협약 발표: 50개국 비준(아국비준)
1995. 3 제1차 당사국총회(COP1): 2000년 이후 감축 논의 시작(베를린)
1996. 7 COP2 제1차 총회 결과 재확인(제네바)
1997.12 COP3 선진국 감축의무 합의(교토)
1998.11 COP4 향후 작업계획 확정(부에노스아이레스)
1999.10 COP5 제6차 총회 준비회의(본)
2000.11 COP6 교토의정서 이행방안 합의 실패(헤이그)
2001. 7 COP6-bis 제6차 총회 속개회의: 본 합의문 채택(본)
2001.11 COP7 마라케쉬 합의문(교토의정서 이행규칙)채택(마라케쉬)
2002.10 COP8 델리 각료선언문 채택(뉴델리)
2003.12 COP9 신규조림 재조림의 정의, 방법(밀라노)
2004.12 COP10 부에노스아이레스 활동계획 채택(부에노스아이레스)
2005.12 COP11 포스트교토 체제 논의 시작(몬트리올)
2006.11 COP12 CDM개선 논의 및 적응부문 5개년 활동계획 채택(나이로비)
2007.12 COP13 발리행동계획 채택(발리)
2008.12 COP14 Post-2012 협상문 초안 마련(포즈난)
2009.12 COP15 코펜하겐 합의문 도출(코펜하겐)
2010.12 COP16 칸쿤 합의문 채택(칸쿤)
2011.12 COP17 교토의정서2차 공약기간 설정 합의(더반)

The Glossary of World Bank

CO_2 N_2O

A

Accredited Independent Entity (AIE)

Accredited independent entities(AIEs) are independent auditors that assess whether a potential project meets all the eligibility requirements of the JI (determination) and whether the project has achieved greenhouse gas emission reductions (verification).

Additionality

A project activity is additional if anthropogenic GHG emissions are lower than those that would have occurred in the absence of the project activity.

Afforestation

The process of establishing and growing forests on bare or cultivated land, which has not been forested in recent history.

Annex I (Parties)

The industrialized countries listed in Annex I to the UNFCCC were committed to return their greenhouse gas emissions to 1990 levels by 2000. They currently include Australia, Austria, Belarus, Belgium, Bulgaria, Canada, Croatia, Czech Republic, Denmark, Estonia, Finland, France, Germany, Greece, Hungary, Iceland, Ireland, Italy, Japan, Latvia, Liechtenstein, Lithuania, Luxembourg, Monaco, the Netherlands, New Zealand, Norway, Poland, Portugal, Romania, Russian Federation, Slovakia, Slovenia, Spain, Sweden, Switzerland, Turkey, Ukraine, the United Kingdom, and the United States, as well as the European

Economic Community. All but Turkey are listed in Annex B.

Annex B (Parties)

The 39 industrialized countries (including the European Economic Community) listed in Annex B to the Kyoto Protocol have committed to country-specific targets that collectively reduce their GHG emissions by at least 5.2 percent below 1990 levels on average over 2008-.12.

Assigned Amount Unit (AAU)

Annex I Parties are issued AAUs up to the level of their assigned amount, corresponding to the quantity of greenhouse gases they can release in accordance with the Kyoto Protocol (Art. 3), during the first commitment period of that protocol (2008-.12). One AAU represents the right to emit one metric ton of carbon dioxide equivalent.

B

Banking or carry over

Compliance units under the various schemes to manage GHG emissions in existence may or may not be carried over from one commitment period to the next. Banking may encourage early action by mandated entities depending on their current situation and their anticipations of future carbon constraints. In addition banking brings market continuity. Banking between Phase I and Phase II of the EU ETS is not allowed but is allowed between Phase II and further Phases. Some restrictions on the amount of units that can be carried over may apply: for instance, EUAs may be banked with no restriction while the amount of CERs that can be carried over by a Kyoto Party is limited to 2.5 percent of the assigned amount of each Party.

Baseline

The emission of greenhouse gases that would occur without the policy intervention or project activity under consideration.

Biomass Fuel

Combustible fuel composed of a biological material, for example, wood or wood byproducts, rice husks, or cow dung.

C

California Global Warming Solution Act AB32 (AB32)

The passage of Assembly Bill 32 (California Global Warming Solution Act AB32) in August 2006 sets economy-wide GHG emissions targets as follows: Bring down emissions to 1990 levels by 2020 (considered to be at least a 25 percent reduction below business-as-usual) and to 80 percent of 1990 levels by 2050. Covering about 85 percent of GHG emissions, a cap and trade scheme (still under design) would be a major instrument, along with renewable energy standards, energy efficiency standards for buildings and appliances as well as vehicle emissions standards.

Cap and trade

Cap-and-trade schemes set a desired maximum ceiling for emissions (or cap) and let the market determine the price for keeping emissions within that cap. To comply with their emission targets at least cost, regulated entities can either opt for internal abatement measures or acquire allowances or emission reductions in the carbon market, depending on the relative costs of these options.

Carbon Asset

The potential of greenhouse gas emission reductions that a project is able to generate and sell.

Carbon Finance

Resources provided to activities generating (or expected to generate) greenhouse gas (or carbon) emission reductions through the transaction of such emission reductions.

Carbon Dioxide Equivalent (CO_{2e})

The universal unit of measurement used to indicate the global warming potential of each of the six greenhouse gases regulated under the Kyoto Protocol. Carbon dioxide—.a naturally occurring gas that is a by-product of burning fossil fuels and biomass, land-use changes, and other industrial processes—.is the reference gas against which the other greenhouse gases are measured, using their global warming potential.

Certified Emission Reductions (CERs)

A unit of greenhouse gas emission reductions issued pursuant to the Clean Development Mechanism of the Kyoto Protocol, and measured in metric tons of carbon dioxide equivalent. One CER represents a reduction in greenhouse gas emissions of one metric ton of carbon dioxide equivalent.

Chicago Climate Exchange (CCX)

Members to the Chicago Climate Exchange make a voluntary but legally binding commitment to reduce GHG emissions. By the end of Phase I (December 2006), all Members will have reduced direct emissions 4 percent below a baseline period of 1998-2001. Phase II, which extends the CCX reduction program through 2010, will require all Members to ultimately reduce GHG emissions 6 percent below baseline. Among the members are companies from North America as well as municipalities or U.S. states or universities. As new regional initiatives began to take shape in the U.S., membership of the CCX grew from 127 members in January 2006 to 237 members by the end of the year while new participants expressed their interest in familiarizing themselves with emissions trading.

Clean Development Mechanism (CDM)

The mechanism provided by Article 12 of the Kyoto Protocol, designed to assist developing countries in achieving sustainable development by allowing entities from Annex I Parties to participate in lowcarbon projects and obtain CERs in return.

Climate Action Reserve (CAR)

The Climate Action Reserve is a U.S.-based offsets program that establishes regulatory-quality standards for the development, quantification and verification of greenhouse gas (GHG) emission reduction projects in North America; issues carbon offset credits known as Climate Reserve Tonnes (CRT) generated from such projects; and tracks the transaction of credits over time in a transparent, publicly accessible system.

Community Independent Transaction Log (CITL)

The Community Independent Transaction Log (CITL) conducts "supplementary checks" to those by the ITL for transactions involving registries of at least one EU Member State, such as the issuance, transfer, cancellation, retirement and banking of EUAs.

Conference of Parties (COP)

The supreme body of the Convention. It currently meets once a year to review the Convention's progress. The word "conference" is not used here in the sense of "meeting" but rather of "association," which explains the seemingly redundant expression "fourth session of the Conference of the Parties."

Conference of the Parties serving as the Meeting of the Parties (CMP)

The Convention's supreme body is the COP, which serves as the meeting of the Parties to the Kyoto Protocol. The sessions of the COP and the CMP are held during the same period to reduce costs and improve coordination between the Convention and the Protocol.

Crediting period

The crediting period is the duration of time during which a registered, determined or approved project can generate emission reductions. For CDM projects, the crediting period can be of either seven years (renewable twice) or ten years (non-renewable).

D

Designated Focal Point (DFP)

Parties participating in the Joint Implementation (JI) mechanism are required to nominate a Designated Focal Point (DFP) for approving projects.

Designated National Authority (DNA)

An office, ministry, or other official entity appointed by a Party to the Kyoto Protocol to review and give national approval to projects proposed under the Clean Development Mechanism.

Designated Operational Entities (DOEs)

Designated operational entities are independent auditors that assess whether a potential project meets all the eligibility requirements of the CDM (validation) and whether the project has achieved greenhouse gas emission reductions (verification and certification).

Determination

Determination is the process of evaluation by an independent entity accredited by the host country (JI Track 1) or by the Joint Implementation Supervisory Committee (JI Track 2) of whether a project and the ensuing reductions of anthropogenic emissions by sources or enhancements of anthropogenic removals by sinks meet all applicable requirements of Article 6 of the Kyoto Protocol and the JI guidelines.

E

Eligibility Requirements

There are six Eligibility Requirements for Participating in Emissions Trading (Art. 17) for Annex I Parties. Those are: (i) being a Party to the Kyoto Protocol, (ii) having calculated and recorded one's Assigned Amount, (iii) having in place a national system for inventory, (iv) having in place a national registry, (v) having submitted an annual inventory and (vi) submit supplementary information on assigned amount. An Annex I party will automatically become eligible after 16 months have elapsed since the submission of its report on calculation of its assigned amount. Then, this Party and any entity having opened an account in the registry can participate in Emissions Trading. However, a Party could lose its eligibility if the Enforcement Branch of the Compliance Committee has determined the Party is non-compliant with the eligibility requirements.

Emission Reductions (ERs)

The measurable reduction of release of greenhouse gases into the atmosphere from a specified activity, and a specified period of time.

Emission Reductions Purchase Agreement (ERPA)

Agreement which governs the transaction of emission reductions.

Emission Reduction Units (ERUs)

A unit of emission reductions issued pursuant to Joint Implementation. One ERU represents the right to emit one metric ton of carbon dioxide equivalent.

Emissions Trading Scheme (ETS)

See cap and trade.

EU-10

Bulgaria, Czech Republic, Estonia, Hungary, Latvia, Lithuania, Poland, Romania, Slovakia, and Slovenia.

EU-15

Austria, Belgium, Denmark, Finland, France, Germany, Greece, Ireland, Italy, Luxembourg, Netherlands, Portugal, Spain, Sweden, United Kingdom.

European Union Allowances (EUAs)

The allowances in use under the EU ETS. An EUA unit is equal to one metric ton of carbon dioxide equivalent.

European Union Emission Trading Scheme (EU ETS)

The EU ETS was launched on January 1, 2005, as a cornerstone of EU climate policy toward its Kyoto commitment and beyond. Through the EU ETS, Member States allocate part of the efforts toward their Kyoto targets to domestic emission sources (mostly utilities). Over 2008-2, emissions from mandated installations (about 40 percent of EU emissions) are capped on average at 6 percent below 2005 levels. Participants can internally reduce emissions, purchase EUAs or acquire CERs and ERUs (within a 13.4 percent average limit of their allocation over 2008-2). The EU ETS will continue beyond 2012, with further cuts in emissions (by 21 percent below 2005 levels in 2020 or more, depending on progress in reaching an ambitious international agreement on climate change).

F

First Commitment Period

The five-year period, from 2008 to 2012, during which industrialized country have committed to collectively reduce their greenhouse gas (or "carbon") emissions by an average of 5.2 percent compared with 1990 emissions under the Kyoto Protocol.

G

Green Investment Scheme (GIS)

A GIS is a voluntary mechanism through which proceeds from AAU transactions will contribute to contractually agreed environment- and climate-friendly projects and programs both by 2012 and beyond.

Greenhouse Gases (GHGs)

Both natural and anthropogenic, greenhouse gases trap heat in the Earth's atmosphere, causing the greenhouse effect. Water vapor(H2O), carbon dioxide(CO_2), nitrous oxide(N_2O), methane(CH_4), and ozone(O_3) are the primary greenhouse gases. The emission of greenhouse gases through human activities (such as fossil fuel combustion or deforestation) and their accumulation in the atmosphere is responsible for an additional forcing, contributing to climate change. The Kyoto Protocol regulates six

GHGs: carbon dioxide(CO_2), methane(CH_4), and nitrous oxide(N_2O), as well as hydrofluorocarbons(HFCs), perfluorocarbons(PFCs), and sulfur hexafluoride(SF_6).

Global Warming Potential (GWP)

An index representing the combined effect of the differing times greenhouse gases remain in the atmosphere and their relative effectiveness in absorbing outgoing infrared radiation.

I

Internal rate of return (IRR)

The annual return that would make the present value of future cash flows from an investment (including its residual market value) equal the current market price of the investment. In other words, the discount rate at which an investment has zero net present value.

International Transaction Log (ITL)

The ITL links together the national registries and the CDM registry and is in charge of verifying the validity of transactions (issuance, transfer and acquisition between registries, cancellation, expiration and replacement, retirement and carry-over). It is the central piece of the emissions trading under the Kyoto Protocol.

J

Japan-Voluntary Emissions Trading Scheme (J-VETS)

Under the J-VETS, companies receive subsidies to implement mitigation activities in line with voluntary commitments and can resort to emissions trading (incl. offsets) to meet their commitments with more flexibility. Though growing, impact remains limited: over the first three years of the scheme, participants (288 companies) have reduced their emissions by about one million tCO2e. The J-VETS has contributed to the development of MRV system, third-party verification system, and the registry system. The J-VETS has been incorporated to the Experimental Integrated ETS as one of participating options.

Joint Implementation (JI)

Mechanism provided by Article 6 of the Kyoto Protocol, whereby entities from Annex I Parties may participate in low-carbon projects in hosted in Annex I countries and obtain Emission Reduction Units in return.

K

Kyoto Mechanisms (KMs)

The three flexibility mechanisms that may be used by Annex I Parties to the Kyoto Protocol to fulfill their commitments. Those are the Joint

Implementation(JI, Art. 6), Clean Development Mechanism(CDM, Art. 12), and International Emissions Trading (Art. 17).

Kyoto Protocol

Adopted at the Third Conference of the Parties to the United Nations Convention on Climate Change held in Kyoto, Japan in December 1997, the Kyoto Protocol commits industrialized country signatories to collectively reduce their greenhouse gas emissions by at least 5.2 percent below 1990 levels on average over 2008-2 while developing countries can take no regret actions and participate voluntarily in emission reductions and removal activities through the CDM. The Kyoto Protocol entered into force in February 2005.

M

Monitoring Plan

A set of requirements for monitoring and verification of emission reductions achieved by a project.

N

Nationally Appropriate Mitigation Actions (NAMAs)

Refers to a set of mitigation policies and/or actions a developing country undertakes aiming at reducing its GHG emissions and reports to UNFCCC on a voluntary basis. The concept of NAMAs emerged in 2007 under the UNFCCC Bali Action Plan, which called for "[the implementation of] Nationally Appropriate Mitigation Actions by developing country Parties in the context of sustainable development, supported and enabled by technology, financing and capacity building, in a measurable, reportable and verifiable manner." Through international negotiations within the UNFCCC, NAMAs have been steadily refined. The Cancun Agreement of last December achieved significant progress in the concept of NAMAs and, inter alia, set milestones for the development of a central registry of NAMAs (including NAMAs seeking international funding support) and guidelines for measuring, reporting and verification (MRV). Definitions on these elements are expected by the end of this year.

National Allocation Plans (NAPs)

The documents, established by each Member State and reviewed by the European Commission, that specify the list of installations under the EU ETS and their absolute emissions caps, the amount of CERs and ERUs that may be used by these installations as well as other features such as the size of the new entrants reserve and the treatment of exiting installations or the process of allocation (free allocation or auctioning).

New South Wales Greenhouse Gas Reduction Scheme (NSW GGAS)

Operational since January 1, 2003(to last at least until 2012), the NSW Greenhouse Gas Abatement Scheme aims at reducing GHG emissions from the power sector. NSW and ACT (since January 1, 2005) retailers and large electricity customers have thus to comply with mandatory (intensity) targets for reducing or offsetting the emissions of GHG arise from the production of electricity they supply or use. They can meet their targets meet their targets by purchasing certificates (NSW Greenhouse Abatement Certificates or NGACs) that are generated through project activities.

New Zealand Emissions Trading Scheme (NZ ETS)

The NZ ETS will progressively regulate emissions of the six Kyoto gases in all sectors of the economy by 2015. Forestry is covered since 2008 and by July 1, 2010, stationary energy, industrial process and liquid fossil fuel will be phased-in. The government recently announced, however, that full implementation could be delayed if adequate progress is not made in establishing similar regulations in other developed countries.

O

Offsets

Offsets designate the emission reductions from project-based activities that can be used to meet compliance–or corporate citizenship–objectives vis-a-vis greenhouse gas mitigation.

P

Primary transaction

A transaction between the original owner (or issuer) of the carbon asset and a buyer.

Project Design Document (PDD)

A central document of project-based mechanisms, the PDD notably describes the project activity (including environmental impacts and stakeholders consultations), the baseline methodology and how the project is additional as well as the monitoring plan.

Project Idea Note (PIN)

A note prepared by a project proponent presenting briefly the project activity (for example, sector, location, financials, estimated amount of ERs, and so on).

R

REDD plus (REDD+)

All activities that reduce emissions from deforestation and forest degradation, and contribute to conservation, sustainable management of forests, and enhancement of forest carbon stocks.

Regional Greenhouse Gas Initiative (RGGI)

Under RGGI, 10 Northeast and Mid-Atlantic states aim to reduce power sector CO_2 emissions by 10 percent below 2009 levels in 2019. Within this ten-year phase, there are three shorter compliance periods. During the first and second compliance periods (2009-1 and 2012-4) the cap on about 225 installations is set at 171 $MtCO_{2e}$ (or 188 M short ton CO_{2e}). This is followed by a 2.5percent per year decrease in cap during the third compliance period (2015-8).

Reforestation

This process increases the capacity of the land to sequester carbon by replanting forest biomass in areas where forests have been previously harvested.

Registration

The formal acceptance by the CDM Executive Board of a validated project as a CDM project activity.

Removal Unit (RMU)

RMUs are issued by Parties to the Kyoto Protocol in respect of net removals by sinks from activities covered by Article 3(3) and Article 3(4) of the Kyoto Protocol.

S

Secondary transaction

A transaction where the seller is not the original owner (or issuer) of the carbon asset.

Supplementarity

Following the Marrakesh Accords, the use of the Kyoto mechanisms shall be supplemental to domestic action, which shall thus constitute a significant element of the effort made by each Party to meet its commitment under the Kyoto Protocol. However there is no quantitative limit to the utilization of such mechanisms. While assessing the NAPs, the European Commission considered that the use of CDM and JI offsets could not exceeded 50 percent of the effort by each Member State to achieve its commitment. Supplementarity limits may thus affect demand for some categories of offsets.

U

United Nations Framework Convention on Climate Change (UNFCCC)

The international legal framework adopted in June 1992 at the Rio Earth Summit to address climate change. It commits the Parties to the UNFCCC to stabilize human induced greenhouse gas emissions at levels that would prevent dangerous manmade interference with the climate system, following "common but differentiated responsibilities" based on "respective capabilities."

V

Validation

Validation is the process of independent evaluation of a project activity by a Designated Operational Entity (DOE) against the requirements of the CDM. The CDM requirements include the CDM modalities and procedures and subsequent decisions by the CMP and documents released by the CDM Executive Board.

Verified Emission Reductions (VERs)

A unit of greenhouse gas emission reductions that has been verified by an independent auditor. Most often, this designates emission reductions units that are traded on the voluntary market.

Verification

Verification is the review and ex post determination by an independent third party of the monitored reductions in emissions generated by a registered CDM project, a determined JI project (or a project approved under another standard) during the verification period.

Voluntary market

The voluntary market caters for the needs of those entities that voluntarily decide to reduce their carbon footprint using offsets. The regulatory vacuum in some countries and the anticipation of imminent legislation on GHG emissions also motivates some pre-compliance activity.

W

Western Climate Initiative (WCI)

The WCI covers a group of seven U.S. states (Arizona, California, Montana, New Mexico, Oregon, Utah, and Washington) and four Canadian provinces (British Columbia, Manitoba, Ontario, and Quebec), with an aggregate emissions target of 15 percent below 2005 levels by 2020. Other U.S. and Mexican states and Canadian provinces have joined as observers.

배출권 사례 연구

1) Emission Trading 사례 1: 발전회사

A발전은 삼천포에 위치한 해양소수력 발전소에 대해 2008년 2월 유엔에서 청정개발체제(CDM) 인증을 받아 올해부터 10년 동안 연간 2만 1,189t의 탄소배출권을 부여받음. A발전은 10년 기한의 탄소배출권 중 5년치인 10만 5,945t의 탄소배출권을 온실가스 감축대상국인 일본이나 유럽연합(EU)을 상대로 판매할 계획임.

A발전은 t당 15유로 이상을 제시하는 매수자가 나타나면 탄소배출권을 매각한다는 방침을 세움. t당 15유로에 거래되면 A발전은 5년 동안 158만 9,175유로(약 25억 원)의 수입을 얻게 됨. A발전은 발리-로드맵에 따라 오는 2013년부터 한국도 의무감축대상국으로 지정될 것에 대비해 남은 5년 동안의 탄소배출권 판매는 유보해 둠.

이번에 A발전이 활용하는 ACX는 싱가포르에 본사를 두고 탄소배출권을 온라인상에서 거래하도록 하는 국제적인 플랫폼임. 2008년 5월 21일 한국 버전을 오픈했고 여기서는 CDM 인증을 받은 국내 기업들과 이들로부터 탄소배출권을 사려는 외국업체들 간에 매월 1회씩 거래가 이루어짐.

2) Emission Trading 사례 2: B사

국제무대에서 온실가스를 줄여 더 큰 수익을 창출할 수 있는 기회는 청정개발체제(CDM)임. CDM사업으로 성과를 내고 있는 대표적인 국내기업은 정밀화학업체인 B사임. 이 회사는 오스트리아 카본 측에서 115억 원을 투자받아 전남 여수 질산공장 3곳에 온실가스 일종인 아산화질소(N_2O) 저감장치를 설치함. 이를 통해 N2O를 연간 145만t 줄이게 됨.

2006년 1월 유엔에 등록을 완료했고, 투자자인 카본은 온실가스를 줄인데 따른 배출권을 독일 전력회사에 판매했으며 수익을 지난해 3분기부터 B사와 배분하기 시작했음. 이를 통해 탄소배출권 판매로 작년에만 18억 원 수익을 얻음.

배출권 판매로 생기는 수익금 분배율은 2007~2012년 카본 75.85%, B사 22.15%, 유엔 2.0%임. 2013년부터는 B사가 저감시설 소유권을 이전받게 되고 향후 수익은 전부 B사가 얻게 됨. 올해 배출권 가격을 t당 13유로로 가정하면 B사는 총수익 1,885만 유로 중 22.15%인 417만 유로(약 65억원)의 수익을 얻게 됨.

출처: 탄소시장의 비밀(김태선 지음)

기후변화, 위기를 기회로 만드는 전략

이재현 환경부 기후대기정책관

지구온난화로 인한 기후변화의 심각성을 상징하는데 자주 등장하는 동물은 바로 북극곰임. 북극곰은 지구온난화로 인해 50년 이내에 전 세계에 야생하고 있는 20,000~25,000마리 중 2/3가 사라질 것이라고 국제자연보호연맹 등에서 경고한 바 있음.

북극곰을 보호하기 위한 방법이 무엇이냐고 물으면 누구나 "기후변화를 늦추자", "온실가스를 줄이자" 라고 얘기할 것임. 그러나 대기중 이산화탄소의 잔류 시간은 대략 50~200년 정도임. 온실가스 저감을 위한 현재의 범지구적 노력이 성공하더라도 이미 과거에 배출된 온실가스만으로 향후 수십 년간 세계 평균기온은 2℃ 정도 상승할 전망임.

이러한 전망을 배경으로 전 세계 과학자들의 의견을 집대성한 IPCC(기후변화에 관한 정부간 협의체) 4차 보고서 및 스턴보고서(기후변화에 대한 환경·경제학적 영향을 분석한 책)는 지구의 온도가 2℃ 상승하면 북극의 빙하가 녹고 해수면이 상승하여 매년 수백만 명 이상의 사람들이 홍수 피해를 입게 될 것으로 예측하고 있음.

결국 이미 누적된 온실가스로 인해 예정된 기후변화를 피할 수는 없는 상황이며 북극곰 또한 기후변화에 적응하는 개체만이 살아남을 수 있을 것임. 따라서 자신의 활동공간인 바다빙하가 줄어드는 환경에 적응하는 것만이 눈앞에 닥친 생존위기에 대응하는 현실적인 방법임. 북극곰은 물론이고 인류 또한 기후변화 적응 문제는 선택이 아닌 생존을 위한 필수사항이 되어버린 것임.

기후변화는 생존과 직결되는 문제이며 하루가 다르게 변화하고 있음. 우리가 이 상황을 피할 수 없다면 미래를 보는 눈을 가지고 대응할 필요가 있음. 기후변화에 의한 자연재해, 건강, 물 부족 등 피해에 대비하는 것이 물론 최우선이겠지만 이 위기를 새로운 산업개발과 소득창출의 기회로 삼아 변화한 환경에 '적응'하는 전략도 필요한 것임.

이런 맥락의 좋은 예가 바로 제주도다. 제주도는 우리나라에서 기후변화의 영향을 제일 먼저 실감하고 있는 지역으로 일찌감치 기후변화에 적응한 모습을 보여주고 있음. 몇 해 전부터 망고 같은 아열대 농작물을 재배하여 소득을 올리고 있고 관련 연구소에서는 아스파라거스 등 열대작물을 성공적으로 시험재배하기도 하였음. 기존의 제주 기후에서는 재배할 수 없던 아열대 농작물이 기후변화에 의해 제주도의 새로운 소득원 및 성장동력으로서의 가능성을 보이는 것임.

물론 기후변화를 예측하고 대비하는 것은 결코 쉬운 일이 아니지만, 정부에서는 그 위험은 최소화하면서 새로운 발전의 기회로 최대한 활용하기 위해 13개 부처 공동으로 범 국가 차원의 국가 기후변화 적응 종합대책을 새롭게 수립하고 있음.

또한, 기후변화 적응에 대한 전략적 연구 및 정책지원 수행과 지역별 기후변화에 취약한 분야를 찾아내고 지자체 적응계획의 수립을 지원할 수 있는 「국가기후변화적응센터」를 설립하여 운영하고 있음.

이와 아울러 장기적으로 기후변화 및 그 영향을 모니터링 할 수 있는 지구환경위성 도입, 기후변화 영향 및 취약성 지도 작성, 한반도 기후변화 백서 및 한국판 스턴보고서 작성 등 기후변화가 우리나라에 끼치는 영향과 피해 규모의 평가 등을 통해 적응 방안을 마련하는 데 최선의 노력을 하고 있음.

그동안의 다양한 시도와 정책을 바탕으로 정부가 녹색성장을 선포한 지 2주년이 되었다. 이런 시점에 발맞추어 녹색성장이 실제 어떻게 이루어지고 있는지 궁금해 하는 분들이 많음.

하지만 제주도 사례만 보더라도 녹색성장은 우리 생활에서 떨어져 멀리 있는 거창한 일만은 아닐 것임. 기후변화에 어떻게 적응하고 그것을 이용하여 성장할 수 있는 것인가를 고민하고 준비하는 과정에서 녹색성장은 자연스럽게 이루어지는 것임.

출처: 공감코리아

참고 사이트

- 기후변화홍보포털(http://www.gihoo.or.kr)
- 에너지관리공단(http://www.kemco.or.kr)
- 한국에너지기술연구원
- 녹색성장위원회(http://www.greengrowth.go.kr)
- 온실가스종합정보센터(http://www.gir.go.kr)
- 세계은행

용어	내용
AAUs	Assigned Amount Units
CCX	Chicago Climate Exchange
CDM	Clean Development Mechanism
CERs	Certificates of Emission Reduction
CFI	Carbon Financial Instrument
CITL	Community Independent Transaction Log
ECX	European Climate Exchange
EEA	European Environment Agency
EEX	European Energy Exchange
EFP	Exchange For Physical
ERUs	Emission Reduction Units
EUETS	European Union Emission Trading Scheme
EUA	European Union Allowance
GHG	Green house gases
UNFCCC	United Nations Framework Convention on Climate Change
ITL	International Transaction Log
JI	Join Implementation mechanism
VER	Verified Emission Reductions
LULUCF	Land-Use, Land-Use Change and Forestry
NAPs	National Allocation Plans
CCGT	Combined Cycle Gas Turbine
PRN	Packaging recovery note
RGGI	Regional Greenhouse Gas Initiative
RMUs	Removal Units

온실가스 배출권의 할당 및 거래에 관한 법률 시행령(안)

CO_2 N_2

보도자료[2012.11.13(화)]

온실가스 배출권의 할당 및 거래에 관한 법률 시행령 국무회의 통과

◇ 글로벌 스탠다드에 부합하면서도 우리산업의 경쟁력을 함께 고려하여 온실가스 배출권 거래제 제도 설계

- 시행초기 제도적응과 산업계 부담완화를 위해 1차 계획기간의 무상할당 비율을 100%로 하고 유상할당 비율을 단계적으로 확대*, 배출권의 이월·차입 및 상쇄 인정 등 비용효과적인 온실가스 감축기반 마련

  * 무상할당비율: (1차) 100%, (2차) 97%, (3차 이후) 90% 이하

- 국내산업의 경쟁력을 감안하여, 무역집약도 등을 감안하여 배출권을 100% 무상할당 받을 수 있는 기준*도 마련

  * ① 무역집약도 10% 이상 + 생산비용발생도 5% 이상, 또는 ② 무역집약도 30% 이상, 또는 ③ 생산비용발생도 30% 이상인 업종

◇ 제도의 공정한 관리와 행정의 효율성 제고를 위해 주무관청은 단일화하여 환경부장관으로 확정

- 집행과정에서 경제산업정책적 고려를 위해 할당결정심의위원회, 배출량 인증위원회 등을 통해 관계부처의 참여를 제도적으로 보장

◇ 앞으로 정부는 2015년 제도시행에 앞서 관련 계획의 수립, 거래소 지정·설치 등 후속 대책을 차질 없이 준비할 계획

• 특히, 동 제도에 대한 이해제고를 위해 정책설명회와 시범사업을 실시하고, 온실가스 감축설비 설치, 기술개발 사업 등에 대한 금융·세제상 지원 등 정부 지원대책을 마련할 예정

□ 11월 13일, 「온실가스 배출권의 할당 및 거래에 관한 법률(이하 "배출권거래제법") 시행령」이 국무회의를 통과, 대통령 재가를 거쳐 시행될 예정

○ 정부는 지난 5월 14일 배출권 거래제법이 제정된 이후, 녹색성장위원회를 중심으로 이해관계자 의견수렴, 관계부처 협의, 규제심사 등을 거쳐 13일 국무회의에서 온실가스 배출권의 할당 및 거래에 관한 법률 시행령을 최종 확정

□ 온실가스 배출권거래제법 시행령 제정을 통해 2015년부터 본격 시행되는 '온실가스 배출권 거래제도'의 기본 설계가 완료

○ (주무관청 등 거버넌스) 제도운영의 신뢰성과 행정의 효율성제고를 위해 주무관청은 일원화하여 환경부로 하되,

- 제도 집행과정에서 각 산업의 특성이 충분히 반영될 수 있도록 할당결정심의위원회, 배출량인증위원회 등의 협의기구를 통해 관계부처의 실질적 참여를 제도적으로 보장

○ (무상할당 비율) 시행초기에 산업계의 부담을 최소화하여 제도의 연착륙을 도모함과 동시에 배출권 거래의 실효성 제고를 위해 점진적으로 유상할당 비율을 확대

* 무상할당비율: 1차 계획기간('15~'17년) 100%, 2차 계획기간('18~'20년) 97%, 3차 계획기간('21~'25년) 이후 90% 이하 (할당계획에서 결정)

○ (100% 무상할당 업종기준) 또한 국내 산업의 경쟁력을 감안하여 무역집약도·생산비용발생도가 일정비율* 이상인 경우 100% 무상할당을 받을 수 있도록 규정

* ① 무역집약도 10% 이상 + 생산비용발생도 5% 이상, 또는 ② 무역집약도 30% 이상, 또는 ③ 생산비용발생도 30% 이상인 업종

○ (조기감축실적의 인정) 배출권 거래제 시행이전 기업의 온실가스 감축을 유도하기 위해 조기감축 실적에 대해서 1차계획기간 전체 배출권 수량의 3% 이내에서 추가 할당할 수 있도록 함

○ (상쇄의 인정한도 및 범위) 할당대상업체 외부에서의 온실가스 감축실적도 인증을 거쳐 배출권으로 활용하도록 하되, 제출한도를 제출해야 하는 배출권의 10% 이내로 하고 구체적인 비율을 할당계획에서 정함

- 또한 국내 온실가스의 효과적인 감축을 위해 해외 상쇄는 전체 상쇄배출권 제출한도의 50% 이내로 하고, 1, 2차 계획기간 동안 해외상쇄는 불인정

* 상쇄로 인정받을 수 있는 외부사업의 승인 및 인증을 위한 구체적인 기준과 절차는 향후 고시로 정함

○ (배출권 거래소의 지정) 주무관청이 관계부처 협의 및 녹색성장위원회의 심의를 거쳐 배출권 거래소를 설치하거나 지정할 수 있도록 함

○ (시장안정화 조치) 주무관청은 배출권 가격의 상승·폭락 등 필요시 할당위원회 심의를 거쳐 시장안정화 조치*를 취할 수 있음

* △ 배출권 예비분의 추가할당, △ 배출권의 최소·최대 보유한도의 설정, △ 배출권 차입한도의 제한, △ 상쇄배출권 제출한도의 제한, △ 일시적인 최고·최저가격 설정 등

○ (과징금) 인증된 온실가스 배출량에 상응하는 배출권을 제출하지 아니하는 업체에 대한 과징금은 1이산화탄소상당량 톤당 10만 원의 범위에서 배출권 평균 시장가격의 3배로 정함

□ 배출권거래제법과 동법 시행령의 제정·시행으로 비용효과적인 온실가스 감축과 동시에 우리나라의 산업구조를 저탄소·고효율 에너지 산업구조로 전환하고 녹색기술을 기반으로 한 신성장동력 창출을 위한 제도적 기틀을 마련

○ 녹색위 관계자는 온실가스 배출권 거래제 법령 제정은 저탄소 녹색성장기본법('09.12), 스마트그리드법('11.11), 녹색건축물 지원법('12.2) 제정에 이어 우리나라의 녹색성장 정책에서 법·제도적 인프라를 완결하는 의미를 지닌다고 밝힘

□ 앞으로 정부는 제도의 성공적 시행을 위해 배출권거래제 기본계획('13.12, 기획재정부 장관) 및 할당계획('14.6, 환경부 장관) 수립, 관련 고시제정, 배출권 거래소 지정·설치 등 후속 대책을 차질 없이 준비할 예정

○ 녹색위 관계자는 동 제도에 대한 산업계 등의 이해 제고를 위해 12월 초 환경부, 지경부 등 관계부처와 합동으로「전국 순회 정책 설명회」를 개최하고, 할당대상업체의 사전 적응을 위해 내년 초「범부처 시범사업」을 실시할 계획이라고 밝힘

○ 또한 정부는 배출권거래제 도입으로 인한 기업의 경쟁력 감소를 방지하기 위해 온실가스 감축설비 설치, 기술개발 사업 등에 대한 금융·세제상 지원 등 정부 지원대책을 마련할 계획

<붙임 1> 시행령 제정 추진경과
<붙임 2> 배출권거래제 개요

<붙임 3> 배출권 거래제 해외사례
<붙임 4> 온실가스 목표관리제와 배출권 거래제 비교
<붙임 5> 시행령 구성 및 주요내용
<붙임 6> 온실가스 배출권거래제 거버넌스 운영체계
<붙임 7> 제도 운영 흐름도

<별첨>「온실가스 배출권의 할당 및 거래에 관한 법률 시행령」 전문

붙임 1 시행령 제정 추진 경과

□ 온실가스 배출권의 할당 및 거래에 관한 법률 제정·공포('12. 5.14, '12.11.15 시행)

□ 시행령 제정 관련 연구용역(녹색성장위원회, '11.5~'12.7)

* 「온실가스 배출권의 할당 및 거래제법 하위규정 제정방안 연구」('11.5월~'12.3월, 법제연) 등

□ 전문가, 산업계·NGO 및 관계부처 의견수렴('12.3~)

* 녹색성장위원회 주관 전문가(9회) · 산업계 · NGO 간담회(11회), 관계부처 협의(10회) 개최

□ 녹색위 기후변화·에너지 분과위원회('12.7.2)

□ 시행령안 공청회 개최(녹색성장위원회, '12.8.17)

* 산업계: 2차 계획기간 100% 무상할당, 산업계와의 소통창구 필요
  NGO: 1차 계획기간에도 유상할당 필요, 주무관청 단일화

□ 규제개혁위원회 심사 완료('12.9.27)

* **규제개혁위원회 개선권고 수용**
• (시장 안정화 조치) 최대·최소 보유한도의 기준 구체화, 이월한도 제한 삭제
• (검증기관) 주무관청의 검증기관에 대한 일부 업무정지·제한 등의 규정 삭제
• (업체의 미보고시 가산인증) 업체의 미보고 시 가산인증 규정 삭제

□ 시행령(안) 재입법 예고('12.10.5 ~ 10.15)

□ 법제처 심사('12.10.22 ~ 11.6)

□ 녹색성장위원회 민간위원 설명회('12.10.22)

□ 차관회의('12.11.8), 국무회의 상정·의결('12.11.13)

붙임 2 배출권거래제 개요

1 개 념

□ 배출권거래제는 온실가스 배출량 감축목표를 설정하고, 시장메커니즘(배출권 매매)을 활용하여 감축의무를 달성하는 제도

○ 기술수준의 차이에 따른 업체간 감축비용 격차를 이용해 국가 전체적으로 감축비용 절감

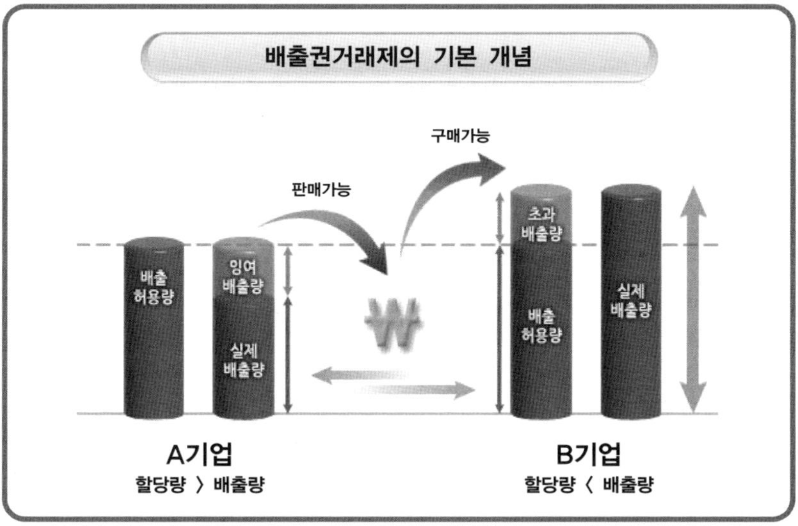

2 도입 필요성

□ 비용효과적인 온실가스 감축 추진: 정태적 효율성*

* 기업간 한계저감비용이 모두 일치하는 수준까지 온실가스 감축(☞ 거래에 의한 비용 감축〈Cost Savings by Trading〉)

○ 현행 온실가스 감축 규제수단(목표관리제)보다 거래제하에서 감축비용이 큰 기업은 직접 감축보다 거래를 통해 비용절감 가능

[온실가스 배출권거래제 도입효과(예시)]

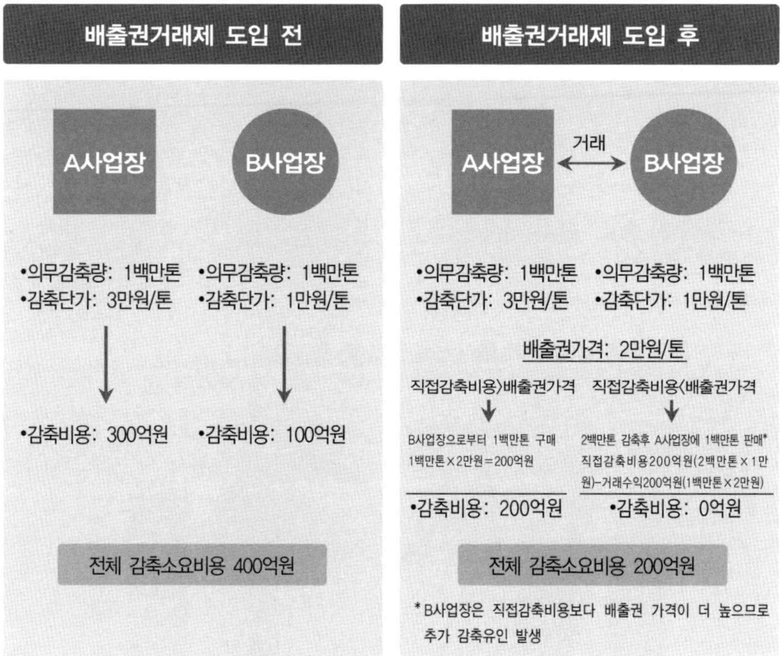

□ 기업의 기술개발 유인 극대화: 동태적 효율성*

* 기술개발에 대한 유인을 제공하여 미래세대를 포함한 사회 전체의 후생을 증가

○ 정태적 효율성 추구과정에서 기업에 온실가스 감축에 대한 경제적 동기를 제공함으로써 중장기적인 녹색기술 개발유인을 극대화

○ 개별기업의 행태변화를 유도함으로써 기존의 에너지 저효율·다소비, 탄소의존형4 경제구조를 개선하는 효과 기대

붙임 3 배출권거래제 해외사례

□ EU 27개국 포함 유럽 31개국, 호주, 뉴질랜드에서 전국단위로 의무적 시행중

○ **(EU)** '05년부터 거래제를 운영하여 산업 경쟁력 저하 없이 효과적인 온실가스 감축에 성공

* EU는 1990년 이후 GDP가 40% 성장하는 동안 온실가스 배출량은 16% 감소하는 탈동조화(Decoupling) 현상 발생(EU 보도자료, '11.4.8)

○ **(호주)** '12.7월부터 고정가격 배출권거래제 도입·운영 중이며, '15년부터 배출권거래제(유동가격) 시행 예정

□ 미국·일본은 지역단위로 의무적 시행중

○ **(미국)** '05년부터 미북동부 10개주에서 배출권거래제(RGGI : Regional GHG Initiative)를 시행 중이며, 캘리포니아주는 '12년부터 도입 예정

* 캘리포니아주 대기환경위원회는 '13년 배출권거래제 시행을 만장일치 결정하고('11.8월) 시행규칙을 최종 승인('11.10월) ⇒ '12년 11월 첫 배출권 유상할당 실시 예정

○ **(일본)** 도쿄도('10.4월), 사이타마현('11.4월), 교토부('11.10월)에서 지역단위의 의무적 배출권거래제 시행중

□ 중국, 인도 등은 지역단위 배출권거래제 시범사업 실시

○ **(중국)** '13년부터 7개 지역*에서 배출권거래제를 시범 시행하고, '15년에 전국단위로 도입할 계획

* 베이징, 충칭, 광둥, 허베이, 상하이, 텐진, 선전(중국 GDP의 약 1/4에 해당)

○ **(인도)** '11년 3월부터 3개 지역*에서 배출권거래제 시범 도입(실제 배출권거래는 '13~'14년 시행 예정)하였으며, '11.4월부터 에너지 절약 인증서(Energy Saving Certificates) 거래제 시행중
* 타밀나두, 구자라트, 마하라쉬트라

〈배출권거래제 주요국 추진 동향〉

국가	추진 동향
유럽 (31개국)	• EU-ETS는 '05~'07년 시범사업 성격의 1기 운영 후 '08년부터 EU 27개 회원국과 비회원국 4개국(노르웨이, 리히텐슈타인, 아이슬란드, 스위스)의 거래제를 연계하여 12,000여개 사업장을 대상으로 시행
뉴질랜드	• 뉴질랜드는 '08년부터 전국 단위 배출권거래제 시행중 * 산림·산업부문 대상 시행 중, 폐기물부문 '13년, 농업부문 '15년 이후 시행
호 주	• 호주는 '12년 7월부터 고정가격 거래제를 도입, '15년부터 배출권거래제(유동가격)시행 예정
미 국	• (WCI*) 미 캘리포니아주 '12년 배출권거래제 도입('12.11월 첫 유상할당 시행 예정), 캐나다 퀘백주, 브리티시 컬럼비아주, 온타리오주, 마니토바주가 '13년 도입 추진 * 북미 서부 주들의 협의체로 '12~'13년부터 배출권거래제 도입 추진 • (RGGI ; Regional GHG Initiative) '05년 미북동부 10개주에서 총량제한 배출권 거래제 시행(발전부문 대상 전액 유상경매), WCI 등 타 지역과의 연계 모색
일 본	• (전국단위) '10.12월 각료회의에서 탄소세 도입을 결정하고, 전국 단위 배출권거래제 도입은 잠정 연기 * 한편, '03년부터 석탄에 대해 기존 소비세 등에 추가하여 과세 중 • (지역단위) 도쿄도 '10.4월부터 의무적 제도를 시행중이고, 사이타마현이 '11.4월, 교토부가 '11.10월 지역단위 배출권거래제 도입
중 국	• 중국은 '13년부터 7개* 지역에서 에너지 소비총량목표를 기반으로 총량제한 배출권 거래제를 시범시행하고, '15년에 전국단위로 도입계획 * 베이징, 충칭, 광둥, 허베이, 상하이, 텐진, 선전(중국 GDP의 약 1/4)

인 도	• (추진현황) '11년 3월부터 3개 지역에서 배출권거래제를 시범도입, '11년 4월부터 전국 단위 에너지 절약 인증서 거래제 도입 • (석탄세) '10.7월부터 국내에서 생산 또는 수입되는 석탄에 대하여 톤당 50루피 (약 $1)의 세금을 부과 중
기 타	• (멕시코) 배출권거래제 기반 등을 규정하고 있는 기후변화기본법 (General Law on Climate Change) 상원통과('11.12월) • 대만, 칠레, 터키, 브라질, 태국, 베트남 등이 배출권거래제 도입 검토 중

붙임 4 온실가스 목표관리제와 배출권거래제 비교

□ 양 제도는 감축목표 설정(=배출권 할당), 배출량 측정·보고·검증(MRV: Measuring·Reporting·Verifying) 체계는 유사하나 유연성에서 차이

○ (목표관리제) 기업은 단년도 목표이행을 위해 해당 연도 내에 소관 사업장 내에서 자체적인 감축 방안만 추진 가능

- 할당된 목표보다 초과로 감축해도 인센티브가 없으며, 초과배출시 1천만 원 내의 과태료 처분(초과된 배출량에 무관)

○ (배출권거래제) 배출권의 거래·상쇄를 활용하여 감축비용 절감 가능, 이월·차입이 가능하여 탄력적 대응 가능

* (상쇄) 他사업장에 자본 및 기술을 지원하는 등 외부의 온실가스 감축 실적을 자기 감축분으로 인정
* (이월) 잉여 배출권을 미래 특정연도로 넘겨서 사용하는 제도
* (차입) 배출권이 부족한 경우, 미래 특정연도로부터 당겨서 사용하는 제도

〈목표관리제 / 배출권거래제 비교〉

구분	목표관리제	배출권거래제
감축목표·경로	국가 목표('20년 BAU 대비 30%↓) – 부문별·업종별 감축목표와의 정합성을 유지하여 목표(= 배출권 할당량) 설정 ※ 목표관리제에서와 배출권거래제에서 감축목표 설정 방법 동일	
MRV	목표관리제 하에서 구축되는 MRV 공통 활용 ※ MRV(Measuring·Reporting·Verifying): 배출량 측정·보고·검증	
작동방식	직접규제(Command and Control)	시장 메커니즘 또는 가격기능
이행경계	단년도 / 자기 사업장에 한정	다년도(5년) / 외부감축(상쇄)인정
목표달성수단	감축 실시(유일한 수단)	감축 또는 구매, 차입·상쇄
초과감축시	인센티브 無(목표달성으로 종료)	판매 또는 이월 가능
제재수준	최대 1천만 원 과태료(정액)	초과 배출량 비례 과징금

붙임 5 시행령 구성 및 주요내용

□ 구성: 총 7장, 49개 조항과 부칙 3개 조항으로 구성

□ 주요 내용

구분	법	시행령
제1장: 총칙	• 목적, 정의, 기본원칙	• 목적
제2장: 배출권거래제 기본계획의 수립 등	• 배출권거래제 기본계획의 수립 • 국가 배출권 할당계획의 수립 • 배출권 할당위원회의 설치, 구성 및 운영	• 배출권거래제 기본계획의 수립 • 국가 배출권 할당계획의 수립 • 할당위원회의 구성 및 운영, 할당위원회의 회의 등
제3장: 할당대상업체의 지정 및 배출권의 할당	• 할당대상업체의 지정 • 목표관리제의 적용 배제 • 배출권의 할당 • 무상할당비율의 결정 • 조기감축실적의 인정 • 배출권 할당의 조정, 취소	• 할당대상업체의 지정 • 배출권 할당의 기준 • 배출권의 무상할당비율 • 무상할당 업종의 기준 • 조기감축실적의 인정 • 신청에 의한 할당의 조정 • 배출권 할당의 취소
제4장: 배출권의 거래	• 배출권의 거래, 배출권 거래계정의 등록 • 배출권 거래의 신고 • 배출권 거래소 • 배출권 거래시장의 안정화	• 배출권 거래계정의 등록 • 배출권 거래의 신고 • 배출권 거래소의 설치·지정 및 감독 • 시장안정화 조치 기준
제5장: 배출량의 보고·검증 및 인증	• 배출량의 보고·검증 • 배출량의 인증	• 배출량의 보고·검증 • 검증기관의 지정 • 배출량 인증위원회
제6장: 배출권의 제출, 이월·차입, 상쇄 및 소멸	• 배출권의 제출 • 배출권의 이월 및 차입 • 상쇄 및 외부사업 온실가스 감축량의 인증 • 배출권의 소멸 • 과징금	• 배출권의 제출 • 배출권의 차입 • 배출권 이월·차입의 절차 • 상쇄 및 외부사업 온실가스 감축량 인증 • 과징금 및 가산금
제7장: 보칙	• 금융상·세제상의 지원 • 국제 탄소시장과의 연계 등 • 실태조사, 이의신청, 수수료 등	• 금융상·세제상의 지원 • 배출권 거래 전문기관 • 이의신청, 수수료 • 권한의 위임 및 업무의 위탁

제8장: 벌칙	• 벌칙, 과태료	
부칙	• 1차 계획기간의 기간 및 무상 할당비율에 관한 특례 • 배출권 거래계정 등록에 관한 특례	• 배출권 거래계정 등록에 관한 특례 • 외부사업 온실가스 감축량의 배출권 전환에 관한 특례

○ **(기본계획의 수립)** 기획재정부 장관은 공청회 등 이해관계자 의견 수렴, 녹색성장위원회 및 국무회의의 심의를 거쳐 매 계획기간 시작 1년 전까지 수립

○ **(할당계획의 수립)** 주무관청은 관계 중앙행정기관의 장과 협의하여 할당계획을 수립하고 할당위원회 심의·조정, 녹색위 및 국무회의 심의를 거쳐 계획기간 시작 6개월 전까지 확정함

○ **(할당위원회)** 할당위원회 위원장은 기획재정부 장관이 하고, 위원은 기재부, 교과부, 외교부, 행안부, 농림부, 지경부, 환경부, 국토부, 총리실, 금융위, 산림청의 차관급 공무원 등으로 구성

- 간사위원은 환경부 차관이 담당하고, 할당위원회 심의안건 작성, 회의준비 등 할당위원회 사무를 처리

○ **(주무관청)** 주무관청은 환경부 장관이 담당

○ **(할당대상업체의 지정)** 주무관청은 ①연평균 125,000tCO_2-eq 이상인 업체 또는 25,000tCO_2-eq 이상 사업장의 해당업체, ② 1회 이상 목표관리제에 따른 검증을 받고 자발적 참여를 신청한 업체를 매 계획기간 시작 5개월 전까지 지정·고시함

- 할당대상업체 기준을 충족하더라도 최소 1회 이상 목표관리제를 통해 측정·보고·검증을 거친 업체를 신규진입자로 지정함

○ (배출권등록부) 국가 차원의 온실가스 정보관리를 위해 주무관청은 온실가스 종합정보관리체계와 연계하여 관리·운영함

◇ 배출권등록부 등록사항: △계획기간 및 이행연도별 배출권의 총수량, △배출권 계정 및 보유량, △배출권 예비분 계정 및 보유량, △주무관청이 인증한 배출량, △조기감축실적에 따른 배출권 추가할당량, △배출권 추가할당·조정량, △배출권 할당·조정의 취소량, △배출권 이전량, △제출된 배출권 수량, △배출권 이월·차입량, △상쇄배출권 수량, △명세서·검증보고서에 관한 사항

○ (배출권 할당기준) 법 제12조 제2항 각 호에서 정한 사항, 국가 및 부문별 온실가스 감축목표, 부문별·업종별 배출권 할당량, 할당대상업체의 과거 온실가스 배출량 또는 기술수준, 무상할당비율, 업종 또는 업체의 예상성장률 등을 고려함

○ (무상할당 비율) 1차 100%, 2차 97%로 하고, 3차 계획기간 이후는 90% 이하의 범위에서 할당계획에서 결정

○ (100% 무상할당 기준) ① 무역집약도*가 10% 이상이고 생산비용발생도**가 5% 이상인 업종이거나 ② 무역집약도가 30% 이상인 업종 또는 ③ 생산비용발생도가 30% 이상인 업종에 속하는 할당대상업체에게 배출권을 100% 무상할당 할 수 있음

* 무역집약도 = (해당 업종의 기준기간의 연평균 수출액 + 해당 업종의 기준기간의 연평균 수입액) / (해당 업종의 기준기간의 연평균 매출액 + 해당 업종의 기준기간의 연평균 수입액)

** 생산비용발생도 = (해당 업종의 기준기간의 연평균 온실가스 배출량 × 기준기간의 배출권 가격) / 해당 업종의 기준기간의 연평균 부가가치 생산액

- 기준기간*의 배출권 가격은 국내외 배출권 가격 및 온실가스

감축을 위한 한계저감비용 등을 고려하여 할당계획에서 정함

* 기준기간: 매 계획기간 시작 5년 전부터 3년간

○ **(할당대상업체별 할당량 결정)** 온실가스종합정보센터에 관계부처의 추천을 받은 민간전문가로 구성된 공동작업반(반장: 온실가스종합정보센터장)을 설치하고, 공동작업반에서 작성한 할당량 결정안에 대해 관계 중앙행정기관의 장과의 협의, 할당결정위원회의 심의·조정을 거쳐 업체별 할당량을 확정하고 계획기간 시작 2개월 전까지 각 할당대상업체에 통보

○ **(조기감축실적의 인정)** 1차 계획기간에 할당된 전체 배출권 수량의 3% 범위 내에서 조기감축 실적을 인정하여 1차 계획기간의 3차 이행연도분 배출권으로 추가 할당함

○ **(신청에 의한 할당의 조정)** 배출권 할당 시 예상하지 못한 시설의 신·증설, 일부 사업장의 양수 또는 합병으로 인하여 배출량이 증가된 경우 할당대상업체의 신청을 받아 추가할당 사유가 발생한 이행연도분 배출권으로 추가 할당함

- 생산품목의 변경, 사업계획의 변경으로 이행연도에 할당된 배출권의 30% 이상 배출량이 증가한 경우에는 확정된 배출량 증가분의 50% 범위에서 추가 할당
- 이 경우 온실가스종합정보센터에 설치한 공동작업반에서 할당량 결정안을 작성하고 할당결정심의위원회의 심의·조정을 거쳐 확정·시행토록 함

○ **(배출권 할당의 취소)** 할당계획의 변경, 시설 폐쇄 또는 시설의 장기간 가동중지, 거짓이나 부정한 방법으로 배출권을 할당받은 경우 할당받은 배출권의 일부 또는 전부를 취소함

- 이 경우 온실가스종합정보센터에 설치한 공동작업반에서 할당량 취소안을 작성하고 할당결정심의위원회의 심의·조정을 거쳐

확정·시행토록 함

○ **(배출권 거래계정의 등록)** 초기에 거래시장 안정화를 위해 1차 및 2차 계획기간에는 할당대상업체와 공공성을 확보한 공적금융기관에 한정하여 거래계정을 등록할 수 있도록 함

* 한국산업은행, 중소기업은행, 한국수출입은행, 한국정책금융공사

○ **(배출권거래소)** 주무관청은 배출권 거래업무 수행에 필요한 인력·기술·시설·장비 등 일정 자격을 갖춘 기관의 신청을 받아 녹색성장위원회 심의를 거쳐 배출권거래소로 지정할 수 있음

○ **(시장안정화 조치)** 주무관청은 시장 안정화 조치 필요 시* 할당위원회 심의를 거쳐 △배출권 예비분 추가할당, △배출권 최소·최대 보유한도 설정, △차입한도의 제한, △상쇄배출권 제출한도의 제한, △최고·최저 가격 설정 등을 할 수 있음

* 1) 가격상승: 평균가격의 3배 이상 ↑, 2) 수요급증: 1개월간 거래량이 평균보다 2배 이상 증가하여 평균가격이 2배 이상 ↑, 3) 가격폭락: 1개월간 가격이 평균보다 60% 이상 ↓

○ **(배출량의 보고·검증·인증)** 할당대상업체는 매 이행연도 종료일부터 3개월 이내에 명세서를 외부 전문기관의 검증을 거쳐 주무관청에 제출함

- 주무관청은 명세서를 검증하는 외부 전문기관(검증기관)을 관계 중앙행정기관의 장과 협의하여 지정·고시함

* 다만, 목표관리제에서 검증기관으로 지정된 경우에는 배출권거래제의 검증기관으로 지정된 것으로 간주

- 주무관청은 인증위원회*(위원장: 환경부차관) 심의를 거쳐 인증하되, 명세서를 제출하지 않은 경우 실태조사를 거쳐 해당 할당대상업체의 온실가스 배출량을 직권으로 산정하여 인증

* 인증위원회 위원은 ① 농림부, 지경부, 환경부, 국토부, 총리실, 산림청 소속

고위공무원, ② 외부전문가 중 인증위원회 위원장이 위촉한 자로 구성

○ **(배출권의 제출)** 할당대상 업체는 인증된 온실가스 배출량에 상응하는 배출권을 이행연도 종료일부터 6개월 이내에 주무관청에 제출하여야 함

- 배출권 제출은 ① 해당 이행연도 분으로 할당받은 배출권, ② 직전 이행연도에서 이월한 배출권 또는 ③ 다음 이행연도에서 차입한 배출권, ④ 상쇄배출권으로 제출 가능

○ **(배출권의 차입)** 주무관청의 승인을 받아 차입을 허용하되, 차입한도는 해당 할당대상업체가 주무관청에 제출해야 하는 배출권의 10% 범위 안에서 가능하도록 함

○ **(상쇄)** 인증위원회의 심의를 거쳐 상쇄등록부에 등록된 사업범위 내에서 발생한 감축량만을 배출권(상쇄배출권)으로 인정

- 상쇄배출권으로의 전환기준은 1:1로 하며, 그 제출한도는 주무관청에 제출해야 하는 배출권의 10% 범위에서 할당계획에서 정함
- 해외 상쇄는 상쇄배출권 제출한도의 50% 이내 범위에서 인정하되, 1차 및 2차 계획기간 동안은 불인정
- 상쇄로 인정하는 외부사업의 종류는 제한하지 않고 외부사업의 구체적인 기준 및 절차, 유효기간 설정기준 등은 고시로 정함

○ **(과징금)** 배출권 미제출에 대한 과징금은 이산화탄소 1톤당 해당 이행연도 배출권 평균 시장가격의 3배로 함(10만 원 한도)

○ **(금융상·세제상 지원)** 온실가스 감축 및 신재생에너지 관련 기술개발 및 설비 설치사업, 에너지 절약·효율 향상 등의 촉진 및 설비투자 사업 등에 정부가 금융·세제상 지원이나 보조금 지급 등의 지원을 할 수 있도록 함

○ **(배출권 거래 전문기관)** 주무관청은 배출량의 보고 및 검증, 인증에 관한 조사·연구, 국제 탄소시장과의 연계 조사·연구 등을 위한 전문기관을 지정하거나 설치·운영할 수 있음

붙임 6 온실가스 배출권거래제 거버넌스 운영체계

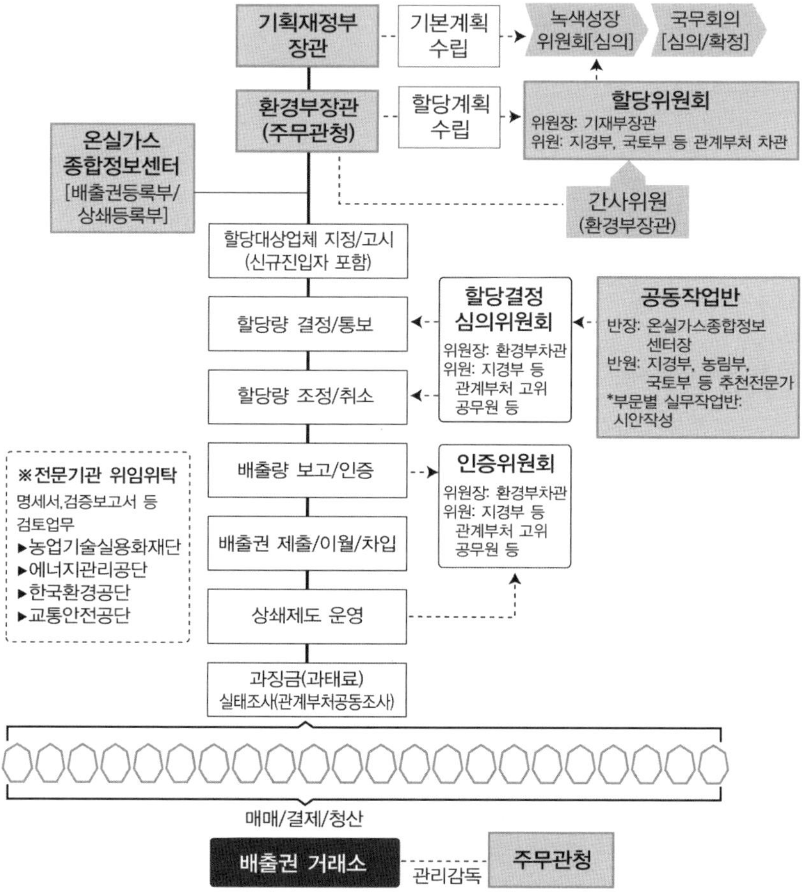

붙임 7 제도 운영 흐름도

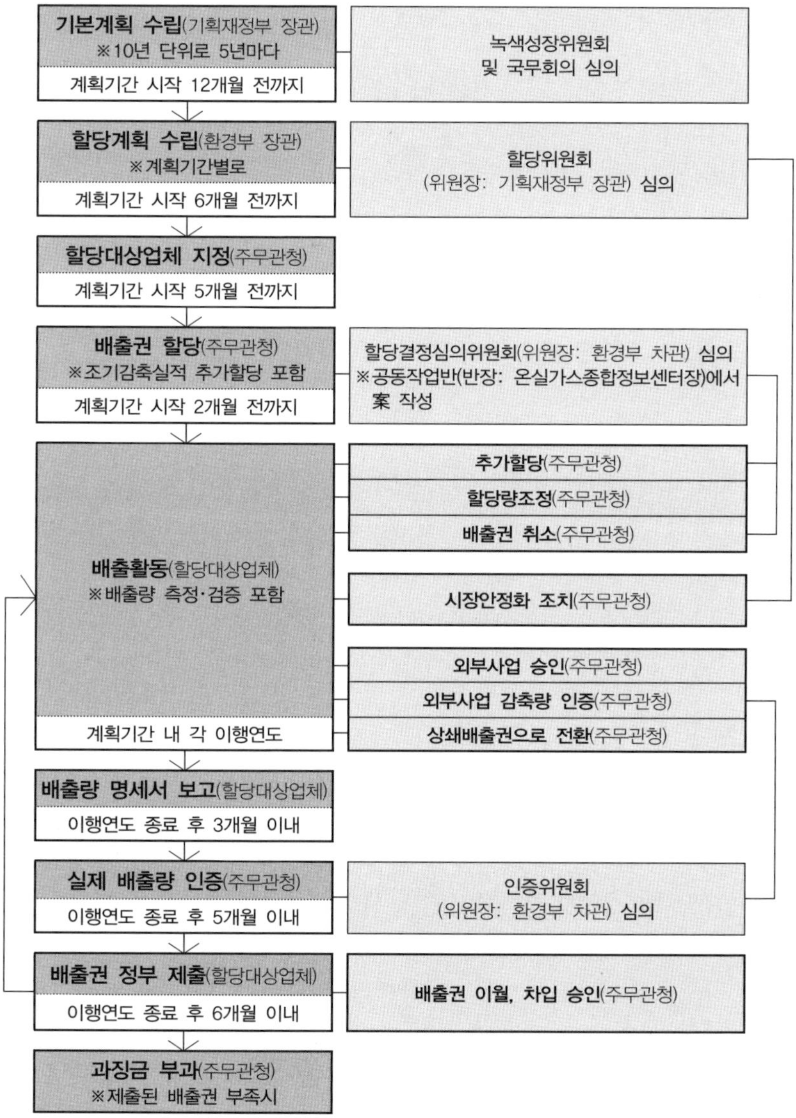

기본계획 수립(기획재정부 장관)
※10년 단위로 5년마다
계획기간 시작 12개월 전까지
녹색성장위원회
및 국무회의 심의
할당계획 수립(환경부 장관)
※계획기간별로
계획기간 시작 6개월 전까지
할당위원회
(위원장: 기획재정부 장관) 심의
할당대상업체 지정(주무관청)
계획기간 시작 5개월 전까지
배출권 할당(주무관청)
※조기감축실적 추가할당 포함
계획기간 시작 2개월 전까지
할당결정심의위원회(위원장: 환경부 차관) 심의
※공동작업반(반장: 온실가스종합정보센터장)에서
案 작성
배출활동(할당대상업체)
※배출량 측정·검증 포함
계획기간 내 각 이행연도
추가할당(주무관청)
할당량조정(주무관청)
배출권 취소(주무관청)
시장안정화 조치(주무관청)
외부사업 승인(주무관청)
외부사업 감축량 인증(주무관청)
상쇄배출권으로 전환(주무관청)
배출량 명세서 보고(할당대상업체)
이행연도 종료 후 3개월 이내
실제 배출량 인증(주무관청)
이행연도 종료 후 5개월 이내
인증위원회
(위원장: 환경부 차관) 심의
배출권 정부 제출(할당대상업체)
이행연도 종료 후 6개월 이내
배출권 이월, 차입 승인(주무관청)
과징금 부과(주무관청)
※제출된 배출권 부족시

온실가스 배출권의 할당 및 거래에 관한 법률 시행령(안)

제1장 총 칙

제1조(목적) 이 영은 「온실가스 배출권의 할당 및 거래에 관한 법률」에서 위임된 사항과 그 시행에 필요한 사항을 규정함을 목적으로 한다.

제2장 배출권거래제 기본계획의 수립 등

제2조(배출권거래제 기본계획의 수립 등) ① 「온실가스 배출권의 할당 및 거래에 관한 법률」(이하 "법"이라 한다) 제4조에 따라 기획재정부장관은 배출권거래제 기본계획(이하 "기본계획"이라 한다)을 매 계획기간 시작 1년 전까지 수립하여야 한다.

② 기획재정부장관은 기본계획을 수립하거나 변경할 때에는 법 제4조 제4항에 따라 공청회 등의 방법으로 이해관계인 등의 의견을 수렴하여야 하며, 제시된 의견이 타당하다고 인정될 때에는 기본계획에 반영하여야 한다.

③ 기획재정부장관은 기본계획을 수립하거나 변경(제4항에 해당하는 사항은 제외한다)할 때에는 제2항에 따른 의견 수렴 후 법 제4조 제5항 본문에 따라 「저탄소 녹색성장 기본법」(이하 "기본법"이라 한다) 제14조에 따른 녹색성장위원회(이하 "녹색성장위원회"라 한다) 및 국무회의의 심의를 거쳐야 한다.

④ 법 제4조 제5항 단서에서 "대통령령으로 정하는 경미한 사항"이란 다음 각 호의 어느 하나에 해당하는 사항을 말한다.

1. 법 제4조 제2항 제7호에 따른 국제협력에 관한 사항
2. 법 제4조 제2항 제8호에 따른 전문인력 양성 및 교육·홍보 등에

관한 사항

⑤ 기획재정부장관은 「저탄소 녹색성장 기본법 시행령」(이하 "기본법 시행령"이라 한다) 제36조에 따른 온실가스 종합정보센터(이하 "종합정보센터"라 한다)에 기본계획을 수립하기 위한 조사·연구를 수행하도록 요청할 수 있다.

제3조(국가 배출권 할당계획의 수립 등) ① 법 제5조에 따라 환경부장관은 기본법 제42조 제1항 제1호에 따른 온실가스 감축 목표와의 정합성을 고려하여 국가 배출권 할당계획(이하 "할당계획"이라 한다)을 수립하여야 한다.

② 환경부장관은 할당계획을 수립하거나 변경할 때에는 관계 중앙행정기관의 장과 협의하여야 하며, 법 제6조에 따른 배출권 할당위원회(이하 "할당위원회"라 한다)의 심의·조정을 거쳐야 한다.

③ 환경부장관은 할당계획의 수립·변경을 위하여 필요한 경우에는 관계 중앙행정기관의 장에게 관련 자료를 요청할 수 있으며, 요청을 받은 기관의 장은 특별한 사유가 없으면 이에 협조하여야 한다.

④ 법 제5조 제1항 제11호에서 "대통령령으로 정하는 사항"이란 다음 각 호의 사항을 말한다.

1. 배출권의 할당 대상이 되는 부문 및 업종의 분류에 관한 사항
2. 법 제15조에 따른 조기감축실적의 인정량에 관한 사항
3. 법 제16조에 따른 배출권의 추가 할당 및 할당량의 조정에 관한 사항
4. 법 제17조에 따른 배출권 할당·조정의 취소에 관한 사항
5. 제13조 제3항에 따라 법 시행 후 세 번째 계획기간(이하 "3차 계획기간"이라 한다) 이후 무상으로 할당하는 배출권의 비율에 관한 사항
6. 제38조 제4항에 따른 상쇄배출권의 제출한도에 관한 사항
7. 그 밖에 해당 계획기간의 배출권 할당 및 거래를 위하여 필요한 사항으로서 할당위원회에서 의결한 사항

⑤ 할당위원회의 위원장은 다음 각 호의 어느 하나에 해당하는 경우에는 환경부장관에게 할당계획의 변경을 요청할 수 있다.

1. 국내외 경제상황의 급격한 변화, 기술 발전, 국내 전력수요의 예상하지 못한 급격한 변화 등으로 인하여 할당계획을 변경하여야 할 중대한 사유가 발생한 경우
2. 기후변화 관련 국제협상의 결과에 따라 할당계획을 변경하여야 할 필요가 있는 경우

⑥ 환경부장관은 할당계획을 수립하거나 변경(제7항에 해당하는 사항은 제외한다)할 때에는 법 제5조 제4항에 따른 의견 수렴, 제2항에 따른 관계 중앙행정기관의 장과의 협의 및 할당위원회의 심의·조정을 거친 후 법 제5조 제5항 본문에 따라 녹색성장위원회 및 국무회의의 심의를 거쳐야 한다.

⑦ 법 제5조 제5항 단서에서 "대통령령으로 정하는 경미한 사항"이란 다음 각 호의 어느 하나에 해당하는 사항을 말한다.

1. 법 제5조 제1항 제10호에 따른 배출권의 이월·차입 및 상쇄의 기준·운영에 관한 사항
2. 제4항 제7호에 따라 할당위원회에서 의결한 사항

⑧ 환경부장관은 법 제5조 제5항에 따라 확정된 할당계획을 관보 및 인터넷 홈페이지 등에 공고하여야 한다.

⑨ 환경부장관은 종합정보센터가 할당계획을 수립하기 위한 조사·연구를 수행하도록 할 수 있다.

제4조(할당위원회의 구성 및 운영) ① 법 제7조 제2항 제1호에서 "대통령령으로 정하는 관계 중앙행정기관"이란 외교통상부, 행정안전부 및 산림청을 말한다.

② 법 제7조 제2항 제2호에 따른 할당위원회 위원은 관계 중앙행정기관의 장의 추천을 받아 기획재정부장관이 위촉하는 사람이 된다.

③ 법 제7조 제5항에 따른 할당위원회의 간사위원(이하 "간사위원"이라 한다)은 환경부차관이 된다.

④ 간사위원은 할당위원회의 위원장의 명을 받아 다음 각 호의 사무를 처리한다.

1. 할당위원회의 심의안건 작성(검토보고서 작성을 포함한다)

2. 심의안건에 관한 관계 중앙행정기관과의 협의 및 관계 전문가 등의 의견 수렴
3. 그 밖에 할당위원회 회의 준비에 관한 사항

제5조(할당위원회의 회의 등) ① 할당위원회의 회의는 할당위원회의 위원장이 필요하다고 인정하거나 재적위원 3분의 1 이상이 요구할 때에 개최한다.
② 할당위원회의 회의는 재적위원 과반수의 출석으로 개의(開議)하고, 출석위원 과반수의 찬성으로 의결한다.
③ 할당위원회의 위원장은 필요한 경우 중앙행정기관의 관계 공무원이나 해당 분야의 전문가를 회의에 참석하게 하여 의견을 들을 수 있다.
④ 제4조 및 제1항부터 제3항까지에서 규정한 사항 외에 할당위원회의 운영에 필요한 세부 사항은 할당위원회의 의결을 거쳐 할당위원회의 위원장이 정한다.

제3장 할당대상업체의 지정 및 배출권의 할당

제1절 할당대상업체의 지정

제6조(할당대상업체의 지정 등) ① 법 제8조 제1항 각 호 외의 부분에서 “대통령령으로 정하는 중앙행정기관의 장”이란 환경부장관(이하 “주무관청”이라 한다)을 말한다.
② 법 제8조 제1항 제1호에서 “최근 3년간”이란 매 계획기간 시작 4년 전부터 3년간을 말한다. 다만, 법 제9조에 따른 신규진입자(이하 “신규진입자”라 한다)에 대해서는 신규진입자로 지정·고시하는 연도의 직전 3년간을 말한다.
③ 주무관청은 다음 각 호의 어느 하나에 해당하는 업체를 배출권 할당 대상업체(이하 “할당대상업체”라 한다)로 지정하여 매 계획기간 시작 5개월 전까지(제2호에 해당하는 업체의 경우에는 매 이행연도 시작 5개

월 전까지) 관보에 고시하여야 한다.

1. 법 제8조 제1항 제1호에 해당하는 업체(지정하는 연도가 속하는 계획기간의 할당대상업체로 지정된 업체로서 같은 호에 따른 온실가스 배출량 기준에 해당하는 업체를 포함한다)
2. 법 제8조 제1항 제2호에 해당하는 업체로서 기본법 제44조에 따라 명세서를 작성하여 검증을 받아 1회 이상 보고한 업체(이하 "자발적 참여업체"라 한다)
3. 자발적 참여업체로서 지정하는 연도가 속하는 계획기간의 할당대상업체로 지정된 업체 중 제7항에 따른 다음 계획기간에 대한 자발적 참여 포기신청서를 제출하지 아니한 업체

④ 자발적 참여업체는 이행연도 시작 6개월 전까지 다음 각 호의 내용이 포함된 자발적 참여신청서를 작성하여 전자적 방식(기본법 제45조에 따른 온실가스 종합정보관리체계를 통한 방식을 말한다. 이하 같다)으로 주무관청에 제출하여야 한다.

1. 업체의 상호 또는 명칭
2. 업체의 대표
3. 업체의 본점 및 사업장 소재지
4. 기본법 제44조에 따른 명세서 등에 관한 사항

⑤ 주무관청은 자발적 참여업체가 기본법 제42조에 따른 목표관리를 성실히 이행하지 아니하였거나 시장안정을 현저히 해칠 우려가 있는 등 할당대상업체로 지정하는 것이 적절하지 아니하다고 판단하는 경우에는 자발적 참여업체를 할당대상업체로 지정하지 아니할 수 있다. 이 경우 주무관청은 지체 없이 그 사유 등을 구체적으로 밝혀 해당 업체에 통보하여야 한다.

⑥ 주무관청은 법 제38조 제1항 제1호에 따른 할당대상업체 지정에 관한 이의신청을 받아들인 경우에는 변경된 내용을 매 계획기간(자발적 참여업체의 경우에는 이행연도를 말한다. 이하 이 항에서 같다) 시작 3개월 전까지(같은 조 제2항 단서에 따라 기간을 연장한 경우에는 매 계획기간 시작 2개월 전까지) 관보에 고시하여야 한다.

⑦ 자발적 참여업체 중 다음 계획기간에 더 이상 할당대상업체로 지정

받기를 원하지 아니하는 업체(법 제8조 제1항 제1호에 해당하는 업체는 제외한다)는 다음 계획기간 시작 6개월 전까지 자발적 참여 포기신청서를 주무관청에 제출하여야 한다.

⑧ 주무관청은 제7항에 따라 자발적 참여 포기신청서를 제출한 자발적 참여업체를 다음 계획기간의 할당대상업체로 지정하지 아니하여야 하고, 해당 계획기간의 마지막 이행연도에 대한 법 제27조 제1항의 배출권 제출기한이 지나면 즉시 법 제11조에 따른 배출권 거래등록부(이하 "배출권등록부"라 한다)에 등록되어 있는 해당 업체의 배출권 거래계정을 삭제하여야 한다.

제7조(신규진입자 지정 및 고시 절차) ① 주무관청은 법 제9조에 따라 새롭게 법 제8조 제1항 제1호에 해당하게 된 업체로서 기본법 제44조에 따라 명세서를 작성하여 검증을 받아 1회 이상 보고한 업체를 할당대상업체로 지정하여 매 이행연도 시작 5개월 전까지 관보에 고시하여야 한다.

② 신규진입자의 할당대상업체 지정에 대한 이의신청에 관하여는 제6조 제6항을 준용한다. 이 경우 "계획기간"은 "이행연도"로 본다.

제8조(할당대상업체 지정·고시에 대한 통보 등) ① 주무관청은 제6조 및 제7조에 따라 할당대상업체를 지정·고시하거나 다음 계획기간의 할당대상업체로 다시 지정하지 아니하는 경우에는 지체 없이 해당 업체 및 기본법 시행령 제26조 제3항에 따른 부문별 관장기관(이하 "부문별 관장기관"이라 한다)에 통보하여야 한다.

② 할당대상업체로 지정·고시된 업체는 최초로 지정된 연도에 해당하는 기본법 제42조 제6항에 따른 목표 준수 실적 및 같은 법 제44조에 따른 명세서를 기본법 시행령 제30조 및 제34조에 따라 최초로 지정된 연도의 다음 연도 3월 31일까지 부문별 관장기관에 제출하여야 한다.

③ 할당대상업체로 지정·고시된 업체가 다음 계획기간의 할당대상업체로 다시 지정되지 아니하는 경우 해당 업체가 기본법 제42조 제5항에 따른 관리업체(이하 "관리업체"라 한다)의 지정기준에 해당하면 해당

이행연도에 이미 관리업체로 지정된 것으로 본다.

제9조(배출권등록부의 관리 및 운영 등) ① 주무관청은 법 제11조에 따라 배출권등록부를 배출권의 할당, 거래 및 보고·검증·인증 등에 관한 정보가 지속적이며 체계적으로 관리될 수 있도록 전자적 방식으로 관리·운영하여야 한다.

② 다음 각 호의 어느 하나에 해당하는 자는 주무관청에 배출권등록부에 등록된 정보의 열람을 요청할 수 있으며, 주무관청은 특별한 사유가 없으면 이에 따라야 한다.

1. 법 제7조 제2항 제1호에 따른 관계 중앙행정기관의 장(온실가스 감축정책의 수립 및 기본법 제42조에 따른 목표관리를 위하여 필요한 경우로 한정한다)
2. 법 제22조에 따른 배출권 거래소의 장

③ 법 제11조 제3항 제5호에서 "대통령령으로 정하는 사항"이란 다음 각 호의 사항을 말한다.

1. 법 제15조 제1항에 따른 조기감축실적에 따른 추가 배출권 할당량
2. 법 제16조에 따른 할당대상업체에 대한 배출권의 추가 할당량 및 할당의 조정량
3. 법 제17조에 따른 할당대상업체에 대한 배출권 할당·조정의 취소량
4. 법 제21조에 따른 배출권 이전량
5. 법 제27조에 따라 제출된 배출권 수량
6. 법 제28조에 따른 배출권의 이월량 및 차입량
7. 법 제29조에 따른 상쇄배출권 수량
8. 제31조 제2항에 따라 제출된 명세서 및 검증보고서에 관한 사항

④ 법 제11조 제5항에서 "대통령령으로 정하는 등록사항"이란 다음 각 호의 사항을 말한다.

1. 법 제11조 제3항 제1호부터 제4호까지에 해당하는 사항
2. 제3항 각 호에 해당하는 사항
3. 제3항 각 호의 사항을 포함하여 계산한 배출권의 총보유량
4. 그 밖에 제11조 제3항에 따른 배출권등록부의 관리·운영에 관한 고

시에서 정하는 사항

제10조(배출권등록부에 등록된 정보의 공개) 배출권등록부에 등록된 정보 중 다음 각 호의 정보는 공개하는 것을 원칙으로 한다.

1. 법 제11조 제3항 제1호 및 제4호에 해당하는 정보
2. 제9조 제3항 각 호(제4호는 제외한다)에 해당하는 정보

제11조(배출권등록부 등록사항의 수정 등) ① 주무관청은 배출권등록부 등록사항에 오류나 착오가 있는 경우에는 직권으로 또는 법 제20조에 따라 배출권 거래계정을 등록한 자의 신청을 받아 등록사항을 수정할 수 있다.

② 주무관청은 제1항에 따라 등록사항을 수정한 경우에는 배출권 거래계정을 등록한 자에게 통보하여야 한다.

③ 제9조, 제10조, 이 조 제1항 및 제2항에서 규정한 사항 외에 배출권등록부에 등록된 정보의 보호, 기업 영업비밀 보호 및 법 제39조 제1호에 따른 증명서 발급 수수료 등에 관한 세부 사항은 관계 중앙행정기관의 장과의 협의를 거쳐 주무관청이 정하여 관보에 고시한다.

제2절 배출권의 할당

제12조(배출권 할당의 기준 등) ① 주무관청은 법 제12조 제2항 각 호의 사항 및 다음 각 호의 사항을 고려하여 할당대상업체별 배출권 할당량을 결정한다.

1. 기본법 제42조에 따른 국가 온실가스 감축 목표 및 부문별 온실가스 감축 목표
2. 법 제5조 제1항 제4호에 따른 부문별·업종별 배출권 할당량
3. 해당 할당대상업체의 과거 온실가스 배출량 또는 기술수준
4. 제13조에 따라 무상으로 할당하는 배출권의 비율(이하 "무상할당비율"이라 한다)
5. 계획기간 중의 해당 업종 또는 할당대상업체의 예상성장률

6. 기본법 제53조에 따른 저탄소 교통체계 구축을 위한 대중교통수단의 운행 확대와 「지속가능 교통물류 발전법」 제20조에 따른 대형중량화물의 운송대책 및 조치가 국가 온실가스 배출량 감축에 기여한 정도
7. 화석연료 대신 가연성(可燃性) 폐기물을 활용하여 국가 온실가스 배출량 감축에 기여한 정도
8. 제품생산량 등 단위 활동자료당 온실가스 배출량 등의 실적·성과를 국내외 동종(同種) 배출시설 또는 공정과 비교하는 방식(이하 "벤치마크방식"이라 한다)으로 산정한 정도

② 제1항에 따른 배출권 할당량의 산정방법 등에 관한 세부 사항은 관계 중앙행정기관의 장과의 협의를 거쳐 주무관청이 정하여 관보에 고시한다.

제13조(배출권의 무상할당비율 등) ① 법 부칙 제2조 제1항에 따른 1차 계획기간(이하 "1차 계획기간"이라 한다)에는 할당대상업체별로 할당되는 배출권의 전부를 무상으로 할당한다.
② 법 부칙 제2조 제1항에 따른 2차 계획기간(이하 "2차 계획기간"이라 한다)에는 할당대상업체별로 할당되는 배출권의 100분의 97을 무상으로 할당한다.
③ 3차 계획기간 이후의 무상할당비율은 100분의 90 이내의 범위에서 이전 계획기간의 평가 및 관련 국제 동향 등을 고려하여 할당계획에서 정한다. 이 경우 할당계획에서 정하는 무상할당비율은 직전 계획기간의 무상할당비율을 초과할 수 없다.
④ 법 제12조 제3항에 따라 계획기간에 할당대상업체에 유상으로 할당하는 배출권은 할당대상업체를 대상으로 경매 등의 방법으로 할당한다.
⑤ 제4항에 따른 경매의 시기 및 장소 등 배출권 유상 할당에 관한 세부 사항은 관계 중앙행정기관의 장과의 협의를 거쳐 주무관청이 정하여 관보에 고시한다.

제14조(무상할당 업종의 기준) 법 제12조 제4항에 따라 배출권의 전부

를 무상으로 할당할 수 있는 업종은 다음 각 호의 어느 하나에 해당하는 업종으로서 매 계획기간마다 평가하여 할당계획에서 정하는 업종으로 한다.

1. 별표 1에 따른 무역집약도가 100분의 30 이상인 업종
2. 별표 1에 따른 생산비용발생도가 100분의 30 이상인 업종
3. 별표 1에 따른 무역집약도가 100분의 10 이상이고, 생산비용발생도가 100분의 5 이상인 업종

제15조(배출권 할당신청서의 제출) ① 할당대상업체는 법 제13조 제1항에 따른 배출권 할당신청서(이하 "할당신청서"라 한다)를 다음 각 호의 단위별로 작성하여 전자적 방식으로 주무관청에 제출하여야 한다. 이 경우 제3호부터 제5호까지는 벤치마크방식을 적용하여 배출권 할당량이 결정되는 경우에만 제출한다.

1. 할당대상업체의 소속 사업장 전체를 포함한 업체 단위
2. 할당대상업체의 소속 사업장 단위
3. 할당대상업체가 생산하는 최종생산품목이 여러 가지인 경우에는 같은 품목을 생산하는 소속 사업장을 모두 합산한 동종 최종생산품목별 단위
4. 할당대상업체의 소속 사업장이 생산하는 최종생산품목이 여러 가지인 경우에는 최종생산품목별 단위
5. 할당대상업체에 소속되어 있는 사업장으로서 제3호 및 제4호의 최종생산품목의 부품 또는 원료만을 생산하는 사업장 단위

② 제1항에 따른 할당신청서 제출 및 심사 절차 등에 관한 세부 사항은 관계 중앙행정기관의 장과의 협의를 거쳐 주무관청이 정하여 관보에 고시한다.

제16조(할당대상업체별 배출권 할당량 결정) ① 주무관청은 제12조에 따른 할당대상업체별 배출권 할당량을 결정하기 위하여 종합정보센터의 장을 반장(이하 "반장"이라 한다)으로 하는 공동작업반(이하 "공동작업반"이라 한다)을 구성·운영하여야 한다.

② 공동작업반은 관련 산업계·연구계·학계 등에 속한 전문가 중에서 부문별 관장기관의 장이 추천하는 전문가를 포함하여 30명 이내로 구성한다.
③ 공동작업반에 각 부문에 속하는 할당대상업체의 할당량 결정시안을 작성하게 하기 위하여 반장 소속으로 부문별 실무작업반(이하 "부문별 실무작업반"이라 한다)을 둔다.
④ 부문별 실무작업반은 할당계획 및 제12조에 따른 배출권 할당 기준 및 산정방법 등을 기준으로 할당신청서를 검토하여 해당 부문에 속한 할당대상업체별 할당량 결정시안을 작성한다.
⑤ 반장은 제4항에 따라 각 부문별 실무작업반이 작성한 할당대상업체별 할당량 결정시안을 공동작업반에서 종합적으로 검토·조정하여 할당대상업체별 할당량 결정안을 작성한다.
⑥ 반장은 제5항에 따라 작성한 할당대상업체별 할당량 결정안을 계획기간 시작 3개월 전까지(자발적 참여업체 및 신규진입자에 대한 할당의 경우에는 배출권을 할당받는 이행연도 시작 3개월 전까지) 주무관청에 제출하여야 한다.
⑦ 주무관청은 관계 중앙행정기관의 장과의 협의와 제18조에 따른 할당결정심의위원회의 심의·조정을 거쳐 할당대상업체별 할당량을 결정한다.
⑧ 관계 중앙행정기관의 장은 제7항에 따른 협의를 위하여 필요한 경우 주무관청에 할당신청서 등 관련 자료 또는 정보를 요청할 수 있고, 그 요청을 받은 주무관청은 특별한 사정이 없으면 이에 협조하여야 한다.
⑨ 주무관청은 제7항에 따른 할당결정심의위원회의 조정이 이루어지지 아니하는 경우에는 할당위원회의 심의·조정을 거쳐야 한다. 제20조 제2항, 제21조 제8항 및 제22조 제8항에 따른 할당결정심의위원회의 조정이 이루어지지 아니하는 경우에도 또한 같다.
⑩ 주무관청은 제7항에 따라 결정한 할당대상업체별 할당량을 할당위원회에 보고하여야 한다. 다만, 제9항에 따라 할당위원회의 심의·조정을 거친 경우에는 그러하지 아니하다.

제17조(할당대상업체별 배출권 할당량의 통보 등) ① 주무관청은 제16조에 따라 결정된 할당대상업체별 할당량을 계획기간 시작 2개월 전까지(자발적 참여업체 및 신규진입자의 경우에는 배출권을 할당받는 이행연도 시작 2개월 전까지) 해당 할당대상업체에 통보하여야 한다.
② 주무관청은 제16조에 따라 결정된 할당대상업체별 할당량을 배출권이 할당되는 이행연도를 표시하여 해당 할당대상업체의 배출권 거래계정에 등록한다.

제18조(할당결정심의위원회) ① 업체별 배출권의 할당 등에 관한 다음 각 호의 사항을 심의·조정하기 위하여 주무관청에 할당결정심의위원회(이하 "할당결정심의위원회"라 한다)를 둔다.
1. 제16조 제7항에 따른 할당대상업체별 배출권 할당
2. 제20조 제2항에 따른 할당계획 변경으로 인한 배출권 추가 할당
3. 제21조 제8항에 따른 신청에 의한 배출권 추가 할당 및 할당량 조정
4. 제22조 제8항에 따른 배출권 할당의 취소

② 할당결정심의위원회는 위원장 1명과 15명 이내의 위원으로 구성한다.
③ 할당결정심의위원회의 위원장은 환경부차관이 되고, 위원은 다음 각 호의 사람이 된다.
1. 기획재정부, 농림수산식품부, 지식경제부, 환경부, 국토해양부, 국무총리실, 그 밖에 할당결정심의위원회의 위원장이 필요하다고 인정하는 관계 중앙행정기관의 고위공무원단에 속하는 공무원 중에서 해당 기관의 장이 지명하는 사람
2. 기후변화·탄소시장·온실가스감축 분야 등에 관한 학식과 경험이 풍부한 사람 중에서 관계 중앙행정기관의 장의 추천을 받아 할당결정심의위원회의 위원장이 위촉하는 사람

④ 제1항부터 제3항까지에서 규정한 사항 외에 할당결정심의위원회의 구성 및 운영에 필요한 사항은 할당결정심의위원회의 의결을 거쳐 할당결정심의위원회의 위원장이 정한다.

제19조(조기감축실적의 인정) ① 법 제15조 제1항에 따른 조기감축실적(이하 "조기감축실적"이라 한다)은 다음 각 호의 실적으로 한다.

1. 해당 할당대상업체가 관리업체로 지정되어 최초로 목표를 설정받은 연도의 12월 31일까지 자발적으로 한 온실가스 감축실적 중 기본법 시행령 제33조에 따라 검증기관의 검증을 받은 실적으로서 목표관리 실적에 반영하지 아니한 실적
2. 해당 할당대상업체가 관리업체로 지정되어 최초로 목표를 설정받은 연도의 다음 연도부터 제2항에 따라 신청서를 제출하기 전까지 인정된 전체 감축목표량에 대한 초과달성분

② 조기감축실적이 있는 할당대상업체는 1차 계획기간의 2차 이행연도 시작 이후 8개월 이내에 조기감축실적 인정신청서를 주무관청에 전자적 방식으로 제출하여야 한다.

③ 주무관청은 제2항에 따라 제출받은 조기감축실적 인정신청서를 검토하여 인정된 조기감축실적에 상응하는 배출권을 1차 계획기간의 3차 이행연도분의 배출권으로 추가 할당한다. 다만, 인정된 전체 조기감축실적이 제4항의 수량을 초과하는 경우에는 조기감축실적을 인정받은 할당대상업체별로 조기감축실적 인정을 위하여 할당될 배출권의 총수량에 다음 계산식에 따른 조기감축실적 기여계수를 곱한 값에 해당하는 배출권을 추가 할당한다.

조기감축실적 기여계수 = 해당 할당대상업체의 조기감축실적 인정량 / 전체 할당대상업체의 조기감축실적 인정량의 합

④ 제3항에 따라 추가 할당되는 배출권의 수량은 1차 계획기간에 할당된 전체 배출권 수량의 100분의 3 이내의 범위에서 할당계획으로 정한다.

⑤ 제3항에 따라 추가 할당되는 배출권은 법 제18조에 따른 배출권 예비분(이하 "배출권 예비분"이라 한다)에서 사용한다.

⑥ 제1항부터 제5항까지에서 규정한 사항 외에 조기감축실적의 인정을 위한 신청 절차, 세부 인정기준 및 평가방법 등에 관한 세부 사항은 관계 중앙행정기관의 장과의 협의를 거쳐 주무관청이 정하여 관보에

고시한다.

제20조(할당계획 변경으로 인한 할당의 조정) ① 주무관청은 법 제16조 제1항 제1호에 따라 할당계획 변경으로 배출허용총량이 증가한 경우에는 증가된 배출허용총량에 상응하는 배출권을 전체 할당대상업체에 각각의 기존 할당량에 비례하여 추가 할당하거나, 특정 부문 또는 업종에 증가된 배출권의 전부 또는 일부를 추가 할당할 수 있다.
② 제1항에 따른 추가 할당은 공동작업반이 할당대상업체별 할당량 결정안을 작성하여 주무관청에 제출하면 주무관청이 이를 관계 중앙행정기관의 장과의 협의와 할당결정심의위원회의 심의·조정을 거쳐 결정한다.

제21조(신청에 의한 할당의 조정) ① 법 제16조 제1항 제2호에 따라 업체별 배출권 할당 시 예상하지 못한 시설의 신설·증설, 일부 사업장의 양수 또는 합병으로 인하여 할당된 배출권에 비하여 배출량이 증가된 할당대상업체는 매 이행연도 종료일부터 3개월 이내에 주무관청에 배출권 추가 할당을 신청할 수 있다.
② 주무관청은 제1항에 따른 신청을 받으면 제16조에 따른 할당대상업체별 할당량 결정 시 해당 할당대상업체에 적용된 기준이나 벤치마크방식을 기준으로 배출량 증가분을 확정하고, 해당 이행연도 종료일부터 5개월 이내에 확정된 증가분에 상응하는 배출권을 추가 할당한다. 이 경우 추가 할당되는 배출권은 추가 할당 사유가 발생한 이행연도분의 배출권으로 할당한다.
③ 법 제16조 제1항 제2호에 따라 업체별 배출권 할당 시 예상하지 못한 생산품목의 변경, 사업계획의 변경(시설의 신설·증설, 일부 사업장의 양수 또는 합병으로 인한 변경은 제외한다) 등으로 인하여 해당 이행연도에 할당된 배출권에 비하여 100분의 30 이상 배출량이 증가한 할당대상업체는 매 이행연도 종료일부터 3개월 이내에 주무관청에 배출권 추가 할당을 신청할 수 있다.
④ 주무관청은 제3항에 따른 신청을 받으면 제16조에 따른 할당량 결정 시 해당 할당대상업체에 적용된 기준이나 벤치마크방식을 기준으로

배출량 증가분을 확정하고, 해당 이행연도 종료일부터 5개월 이내에 확정된 증가분의 100분의 50 이내의 범위에서 배출권을 추가 할당한다. 이 경우 추가 할당되는 배출권은 추가 할당 사유가 발생한 이행연도분의 배출권으로 할당한다.

⑤ 법 제16조 제1항 제2호에 따라 전력계통 운영에 따른 제약발전[발전기 고장, 송전선로 고장 또는 열공급·연료제약·송전제약 등 전력계통의 안정적 운영을 위한 제약사항(자기가 원인을 제공한 경우는 제외한다)에 대하여 「전기사업법」 제45조에 따른 한국전력거래소의 전력계통 운영지시를 받아 발전한 경우를 말하며, 이하 이 조에서 "제약발전"이라 한다]으로 인하여 발전량이 증가하거나 감소한 경우 발전 분야의 할당대상업체는 해당 이행연도 종료일부터 3개월 이내에 주무관청에 배출권 추가 할당 또는 업체별 배출권 조정을 신청할 수 있으며, 주무관청은 증가된 발전량에 상응하는 배출권을 추가 할당하거나 제약발전의 원인을 제공한 업체와 이로 인하여 발전량이 증가된 업체 간의 배출권 할당량을 조정할 수 있다.

⑥ 제2항·제4항 및 제5항에 따른 추가 할당량 결정 및 배출권 할당량 조정을 위하여 필요한 세부 사항은 관계 중앙행정기관의 장과의 협의를 거쳐 주무관청이 정하여 관보에 고시한다.

⑦ 제2항·제4항 및 제5항에 따라 추가 할당되는 배출권은 배출권 예비분에서 사용한다.

⑧ 제2항·제4항 및 제5항에 따른 추가 할당 및 할당량 조정은 공동작업반이 할당대상업체별 할당량 결정안을 작성하여 주무관청에 제출하면 주무관청이 이를 관계 중앙행정기관의 장과의 협의와 할당결정심의위원회의 심의·조정을 거쳐 결정한다.

⑨ 법 제16조 제1항 제2호에 따라 사업계획의 변경 등으로 인하여 이행연도별 할당량을 조정하려는 할당대상업체는 매 이행연도 시작 4개월 전까지 주무관청에 할당량 조정을 신청할 수 있다. 이 경우 주무관청은 신청사유를 검토하여 계획기간 중 해당 할당대상업체에 할당된 배출권의 총수량이 변하지 아니하는 범위에서 이행연도별 할당량을 조정할 수 있다.

제22조(배출권 할당의 취소) ① 주무관청은 법 제17조 제1항 제1호에 따라 할당계획 변경으로 배출허용총량이 감소한 경우에는 감소된 배출허용총량에 상응하는 배출권을 전체 할당대상업체에게 각각의 기존 할당량에 비례하여 취소하거나, 특정 부문 또는 업종에 감소된 배출권의 전부 또는 일부를 취소할 수 있다.

② 주무관청은 법 제17조 제1항 제2호에 따라 할당대상업체가 전체 시설을 폐쇄한 경우에는 시설폐쇄일부터 남아 있는 해당 이행연도의 날짜에 비례하여 해당 할당대상업체에 할당된 배출권과 다음 이행연도부터 마지막 이행연도까지에 할당된 배출권을 취소한다.

③ 주무관청은 법 제17조 제1항 제3호에 해당하는 경우 가동하지 아니한 시설이 할당량에서 차지하는 비중과 가동이 중단된 날짜에 비례하여 해당 할당대상업체에 할당된 배출권을 취소한다.

④ 주무관청은 법 제17조 제1항 제4호에 따라 할당대상업체의 시설 가동이 1년 이상 정지된 경우에는 해당 할당대상업체에 할당된 배출권 중 가동이 정지된 시설이 할당량에서 차지하는 비중과 정지된 날짜에 비례하는 배출권을 취소한다.

⑤ 주무관청은 법 제17조 제1항 제5호에 따라 해당 할당대상업체가 거짓이나 부정한 방법으로 배출권을 할당받은 경우(정당한 사유 없이 배출권 할당 시 고려된 시설가동계획 또는 시설 신설·증설 계획에 따라 시설을 가동하지 아니하였거나 신설·증설이 이루어지지 아니한 경우를 포함한다)에는 해당 할당대상업체에 할당된 배출권 중 그 부분에 해당하는 배출권을 취소한다.

⑥ 할당대상업체는 제2항부터 제4항까지의 배출권 할당 취소 사유가 발생하였을 때에는 그 사유가 발생한 날부터 30일 이내에 주무관청에 통보하여야 한다.

⑦ 주무관청은 제1항부터 제5항까지의 배출권 할당 취소 사유가 있는 경우에는 해당 할당대상업체에 대하여 법 제37조에 따른 실태조사를 할 수 있다.

⑧ 제1항부터 제5항까지의 규정에 따른 배출권 할당 취소는 공동작업반이 할당대상업체별 할당량 취소안을 작성하여 주무관청에 제출하면

주무관청이 이를 관계 중앙행정기관의 장과의 협의와 할당결정심의위원회의 심의·조정을 거쳐 결정한다.

⑨ 제1항부터 제5항까지의 규정에 따른 배출권 할당의 취소는 주무관청이 해당 할당대상업체의 배출권 거래계정에서 제24조 제5항 제2호에 따른 배출권 예비분을 위한 배출권 거래계정으로 배출권을 이전하는 방식으로 한다.

⑩ 제1항부터 제9항까지에서 규정한 사항 외에 배출권 할당 취소에 관한 세부 사항은 관계 중앙행정기관의 장과의 협의를 거쳐 주무관청이 정하여 관보에 고시한다.

제4장 배출권의 거래

제23조(배출권 거래의 최소 단위 등) ① 온실가스는 별표 2에 따른 온실가스별 지구온난화 계수에 따라 이산화탄소상당량톤(tCO_2-eq)으로 환산하고, 1 이산화탄소상당량톤(tCO_2-eq)을 1 배출권으로 환산하여 거래한다.

② 배출권 거래의 최소 단위는 1 배출권으로 한다.

제24조(배출권 거래계정의 등록 등) ① 배출권을 거래하려는 자는 법 제20조에 따라 배출권 거래계정 등록신청서를 전자적 방식으로 주무관청에 제출하여야 한다.

② 주무관청은 제1항에 따라 배출권 거래계정 등록신청서를 제출받으면 지체 없이 배출권등록부에 신청인의 배출권 거래계정을 등록하여야 한다.

③ 제1항 및 제2항에도 불구하고 할당대상업체의 배출권 거래계정은 주무관청이 직권으로 배출권등록부에 등록하여야 한다.

④ 법 제20조 제2항에서 "대통령령으로 정하는 경우"란 배출권 거래시장의 연계 또는 통합을 위한 조약 또는 국제협정에 따라 외국 법인 또는 개인의 배출권 거래가 허용된 경우를 말한다.

⑤ 주무관청은 필요한 경우 다음 각 호의 배출권 거래계정을 등록할 수 있다.

1. 법 제12조에 따른 배출권의 할당을 위한 배출권 거래계정
2. 법 제18조에 따른 배출권 예비분을 위한 배출권 거래계정
3. 법 제27조에 따른 배출권의 제출을 위한 배출권 거래계정
4. 그 밖에 배출권 거래시장의 안정성 확보를 위하여 필요하다고 인정되는 업무를 위한 배출권 거래계정

제25조(배출권 거래의 신고) ① 배출권을 거래한 자는 법 제21조에 따라 다음 각 호의 내용이 포함된 거래 신고서를 전자적 방식으로 주무관청에 제출하여야 한다.

1. 거래한 배출권의 종류 및 수량
2. 양도인과 양수인의 배출권 거래 합의 공증서류
3. 그 밖에 제3항에 따른 고시에서 정하는 사항

② 주무관청은 제1항에 따른 거래 신고서를 제출받았을 때에는 지체 없이 다음 각 호의 사항을 확인한 후 신고된 종류와 수량의 배출권을 양도인의 배출권 거래계정에서 양수인의 배출권 거래계정으로 이전하여 등록한다.

1. 법 제20조에 따라 배출권 거래계정을 등록한 자인지 여부
2. 법 제23조 제2항 제2호에 따른 배출권 최소 또는 최대 보유한도의 준수 여부
3. 양수인과 양도인의 합의 여부

③ 제23조, 제24조, 이 조 제1항 및 제2항에서 규정한 사항 외에 배출권 거래, 배출권 거래계정 등록, 법 제39조 제2호에 따른 등록 수수료 및 배출권 거래 신고 등에 관한 세부 사항은 관계 중앙행정기관의 장과의 협의를 거쳐 주무관청이 정하여 관보에 고시한다.

제26조(배출권 거래소의 설치·지정 및 감독) ① 주무관청은 관계 중앙행정기관의 장과 협의하여 법 제22조에 따른 배출권 거래소(이하 "배출권 거래소"라 한다)를 설치하거나 배출권 거래업무를 수행할 수 있는

기관 등의 신청을 받아 배출권 거래소를 지정할 수 있다.
② 주무관청은 제1항에 따라 배출권 거래소를 설치하거나 지정하려면 녹색성장위원회의 심의를 거쳐야 한다.
③ 법 제22조 제2항 각 호 외의 부분 후단에서 "대통령령으로 정하는 중요 사항"이란 같은 항 제2호부터 제4호까지 및 제6호에 해당하는 사항과 이 조 제4항 제1호 및 제3호에 해당하는 사항을 말한다.
④ 법 제22조 제2항 제7호에서 "대통령령으로 정하는 사항"이란 다음 각 호의 사항을 말한다.
1. 배출권 거래시장의 개폐 및 중단에 관한 사항
2. 법 제22조 제3항에 따른 배출권 거래소 회원의 배출권 거래시장에서의 영업에 관한 사항
3. 제29조에 따른 배출권 거래를 중개하는 회사의 배출권 거래 수탁에 관한 사항
⑤ 주무관청은 배출권 거래시장의 안정 및 건전한 거래질서가 유지될 수 있도록 배출권 거래소를 감독하여야 한다.
⑥ 주무관청은 배출권 거래소가 다음 각 호의 어느 하나에 해당하는 경우에는 배출권 거래소 지정을 취소할 수 있다.
1. 배출권 거래 업무를 위한 인력·기술·시설·장비 등을 갖추지 못하는 경우
2. 제5항에 따른 감독 결과 더 이상 건전한 배출권 거래소 운영이 불가능하다고 판단되는 경우
⑦ 주무관청은 제6항에 따라 배출권 거래소 지정을 취소하려면 청문을 하여야 한다.
⑧ 제1항부터 제7항까지에서 규정한 사항 외에 배출권 거래소 지정 시 신청자격, 신청 시 제출서류 및 평가기준, 주무관청의 감독 및 지정 취소 등에 관한 세부 사항은 관계 중앙행정기관의 장과의 협의를 거쳐 주무관청이 정하여 관보에 고시한다.

제27조(배출권 거래소의 업무) 배출권 거래소는 다음 각 호의 업무를 수행한다.

1. 배출권 거래시장의 개설·운영에 관한 업무
2. 배출권의 매매에 관한 업무
3. 배출권의 거래에 따른 매매확인, 채무인수, 차감, 결제할 배출권·결제품목·결제금액의 확정, 결제이행보증, 결제불이행에 따른 처리 및 결제지시에 관한 업무
4. 배출권 매매 품목의 가격이나 거래량이 비정상적으로 변동하는 거래 등 이상거래(異常去來)의 심리(審理) 및 회원의 감리에 관한 업무
5. 배출권의 경매 업무
6. 배출권의 매매와 관련된 분쟁의 자율조정(당사자가 신청하는 경우만 해당한다)에 관한 업무
7. 배출권 거래시장의 개설에 수반되는 부대업무
8. 그 밖에 배출권 거래소의 장이 필요하다고 인정하여 법 제22조 제2항에 따른 운영규정으로 정하는 업무

제28조(배출권 파생상품의 거래) 배출권을 기초자산으로 한 파생상품의 거래에 관하여는 「자본시장과 금융투자업에 관한 법률」의 파생상품에 관한 규정을 적용한다.

제29조(배출권 거래를 중개하는 회사) ① 법 제22조 제4항에 따른 배출권 거래를 중개하는 회사(이하 "배출권거래중개회사"라 한다)는 「자본시장과 금융투자업에 관한 법률」 제8조 제3항에 따른 투자중개업자로서 정보통신망이나 전자정보처리장치를 이용하여 동시에 다수의 자를 각 당사자로 하여 배출권 거래의 중개업무를 하는 자로 한다.
② 배출권거래중개회사는 주무관청이 정하여 관보에 고시하는 등록요건을 갖추어 주무관청에 등록하여야 하며, 등록을 하지 아니한 자는 배출권 거래 중개업을 할 수 없다.
③ 배출권거래중개회사는 주무관청이 정하여 관보에 고시하는 업무기준을 준수하여야 한다.
④ 주무관청은 배출권거래중개회사가 제3항에 따른 업무기준을 준수하지 아니하면 해당 회사의 등록을 취소할 수 있다.

제30조(시장안정화조치 기준 등) ① 법 제23조 제1항 제1호에서 "대통령령으로 정하는 비율"이란 3배를 말한다.

② 법 제23조 제1항 제2호에서 "대통령령으로 정하는 경우"란 최근 1개월의 평균 거래량이 직전 2개 연도의 같은 월 평균 거래량 중 많은 경우보다 2배 이상 증가하고, 최근 1개월의 배출권 평균 가격이 직전 2개 연도의 배출권 평균 가격보다 2배 이상 높은 경우를 말한다.

③ 법 제23조 제1항 제3호에서 "대통령령으로 정하는 경우"란 최근 1개월의 배출권 평균 가격이 직전 2개 연도의 배출권 평균 가격보다 100분의 60 이상 낮은 경우를 말한다.

④ 주무관청은 다른 시장 안정화 조치로는 목적을 달성하기 어렵다고 인정되는 경우 할당위원회의 심의를 거쳐 법 제23조 제2항 제2호에 따른 배출권 최소 또는 최대 보유한도를 설정할 수 있다. 다만, 시장 안정화 목적이 달성되었다고 인정하는 경우에는 즉시 보유한도 설정을 철회하여야 한다.

⑤ 제4항에 따른 배출권의 최소 및 최대 보유한도는 다음 각 호의 구분에 따른 범위에서 정하여야 한다. 다만, 직전 6개월간 배출권 평균 보유량이 2만5천 배출권 미만인 거래 참여자(할당대상업체는 제외한다)의 경우에는 그 최대 보유한도를 달리 정할 수 있다.

1. 최소 보유한도 : 할당대상업체에 할당된 해당 이행연도 배출권의 100분의 70 이상
2. 최대 보유한도 : 할당대상업체에 할당된 해당 이행연도 배출권(할당대상업체가 아닌 거래 참여자의 경우에는 직전 6개월간 배출권 평균 보유량을 말한다)의 100분의 150 이하

⑥ 법 제23조 제2항 제3호에서 "대통령령으로 정하는 방법"이란 다음 각 호의 방법을 말한다.

1. 제36조 제2항에 따른 배출권 차입한도의 확대 또는 축소
2. 제38조 제4항에 따른 상쇄배출권 제출한도의 확대 또는 축소
3. 일시적인 최고 또는 최저 배출권 매매가격의 설정

⑦ 주무관청은 시장 안정화 목적이 달성되었다고 인정되면 할당위원회의 심의를 거쳐 시장 안정화 조치를 종료할 수 있다. 다만, 할당위원회

가 시장 안정화 조치의 종료를 의결한 경우에는 시장 안정화 조치를 종료하여야 한다.

⑧ 주무관청은 시장 안정화 조치를 하거나 종료하는 즉시 해당 시장 안정화 조치의 주요 사유 및 내용 또는 종료사실 등을 공고하여야 한다.

제5장 배출량의 보고·검증 및 인증

제31조(배출량의 보고 및 검증) ① 법 제24조 제1항에 따른 명세서에는 다음 각 호의 내용이 포함되어야 한다.

1. 업체의 규모, 주요 생산시설·공정별 연료 및 원료 소비량, 제품생산량
2. 사업장별 배출 온실가스의 종류 및 배출량, 온실가스 배출시설(신설·증설 및 폐쇄 시설을 포함한다)의 종류·규모·수량 및 가동률
3. 사업장별 사용·발생 에너지의 종류 및 사용량·발생량·판매량, 사용연료의 성분, 에너지 사용·발생시설의 종류·규모·수량 및 가동률
4. 생산공정, 생산설비, 배출활동으로 구분한 온실가스 배출량·종류 및 규모
5. 공정별, 생산품별 온실가스 배출량 및 에너지 사용량(해당 할당대상업체에 벤치마크방식으로 배출권을 할당하는 경우만 해당한다)
6. 포집(捕執)·처리한 온실가스의 종류 및 양
7. 제2호부터 제6호까지의 부문별 온실가스 배출량의 계산·측정 방법 및 근거
8. 명세서에 관한 품질관리 절차
9. 온실가스 흡수·제거 실적
10. 활동데이터 수집 및 매개변수 결정을 위한 모니터링 계획
11. 업체 또는 사업장의 매출액
12. 그 밖에 주무관청이 관계 중앙행정기관의 장과 협의하여 고시하는 사항

② 할당대상업체는 법 제24조 제1항에 따라 제1항의 명세서 및 제32조에 따른 검증기관의 검증보고서를 전자적 방식으로 주무관청에 제출하

여야 한다.
③ 주무관청은 제2항에 따라 제출받은 자료에 흠이 있거나 빠진 부분이 있으면 해당 할당대상업체에 그 시정이나 보완을 명할 수 있다.
④ 주무관청은 제2항에 따라 제출받은 자료 전부를 배출권등록부에 포함하여 관리하여야 한다.
⑤ 주무관청은 제2항에 따라 제출받은 자료에 포함된 정보 중 온실가스 배출총량 등 주요 정보를 할당대상업체별로 공개할 수 있다. 다만, 할당대상업체는 정보공개로 인하여 해당 업체의 권리나 영업상의 비밀이 침해될 우려가 있는 경우 비공개를 요청할 수 있다.
⑥ 주무관청은 할당대상업체로부터 제5항 단서에 따른 비공개 요청을 받은 경우 기본법 시행령 제35조 제5항에 따른 명세서 공개 심사위원회의 심사를 거쳐 공개 여부를 결정하고, 그 결과를 즉시 해당 할당대상업체에 통보하여야 한다.
⑦ 제1항부터 제6항까지에서 규정한 사항 외에 명세서 제출 및 정보 공개에 관한 세부 사항은 관계 중앙행정기관의 장과의 협의를 거쳐 주무관청이 정하여 관보에 고시한다.

제32조(배출량의 검증 및 검증기관의 지정 등) ① 법 제24조 제2항에 따라 할당대상업체의 명세서를 검증하는 외부 전문기관(이하 "검증기관"이라 한다)은 다음 각 호의 요건을 모두 갖춘 기관으로서 관계 중앙행정기관의 장과의 협의를 거쳐 주무관청이 지정하여 관보에 고시하는 기관으로 한다. 다만, 기본법 시행령 제32조에 따라 지정된 검증기관(할당대상업체가 된 기관은 제외한다)은 이 영에 따라 검증기관으로 지정된 것으로 본다.
1. 온실가스 배출량에 대한 측정·보고·검증 업무를 전문적으로 수행할 수 있는 전문인력·시설·장비 등을 갖출 것
2. 온실가스 배출량 검증과 관련하여 배상액 10억원 이상의 책임보험에 가입할 것
3. 그 밖에 제5항에 따른 고시에서 정하는 요건을 갖출 것
② 검증기관은 할당대상업체의 명세서를 검증하는 경우 다음 각 호의

어느 하나에 해당하는 경우에는 이를 할당대상업체에 통보하고, 할당대상업체는 통보받은 사항에 대하여 필요한 수정을 하여야 한다.

1. 명세서의 내용이 측정·보고·검증이 가능한 방식으로 작성되지 아니한 경우
2. 제31조 제1항 제10호에 따른 모니터링 계획을 따르지 아니한 경우
3. 실제 배출량과 명세서의 내용이 일치하지 아니하는 경우

③ 주무관청은 검증기관이 다음 각 호의 어느 하나에 해당하는 경우 제1항에 따른 검증기관 지정을 취소할 수 있다. 다만, 제1호 및 제3호(제3호의 경우에는 고의만 해당한다)에 해당하는 경우에는 지정을 취소하여야 한다.

1. 거짓이나 그 밖의 부정한 방법을 이용하여 검증기관으로 지정받은 경우
2. 제1항에 따른 지정기준을 갖추지 못하게 된 경우
3. 고의 또는 중과실로 인한 검증결과의 중대한 오류 등이 확인된 경우

④ 주무관청은 제3항에 따라 검증기관의 지정을 취소하려면 청문을 하여야 한다.

⑤ 제1항부터 제4항까지에서 규정한 사항 외에 검증기관의 지정, 검증업무 및 지정 취소에 관한 세부 사항은 관계 중앙행정기관의 장과의 협의를 거쳐 주무관청이 정하여 관보에 고시한다.

제33조(배출량의 인증) ① 주무관청은 법 제25조 제1항에 따라 할당대상업체의 실제 온실가스 배출량을 인증할 때에는 법 제26조에 따른 배출량 인증위원회의 심의를 거쳐야 한다.

② 주무관청은 법 제24조 제1항에 따른 기한까지 배출량을 보고하지 아니한 할당대상업체에 1개월의 범위에서 기간을 정하여 명세서 제출을 명할 수 있다.

③ 주무관청은 할당대상업체가 제2항에 따른 명세서 제출기한이 지나도록 배출량을 보고하지 아니하였을 때에는 법 제37조에 따른 실태조사를 거쳐 해당 할당대상업체의 온실가스 배출량을 직권으로 산정하여 인증할 수 있다. 다만, 실태조사로 온실가스 배출량을 산정하기 어려운

경우에는 해당 할당대상업체의 과거 배출량이나 동일한 종류 또는 유사 규모의 다른 할당대상업체의 배출량을 기준으로 배출량을 직권으로 산정하여 인증할 수 있다.

④ 주무관청은 법 제25조 제3항에 따라 배출량 인증 결과를 해당 할당대상업체에 통지할 때에는 해당 업체가 속한 부문의 소관 부문별 관장기관에도 그 내용을 통보하여야 한다.

⑤ 제1항부터 제4항까지에서 규정한 사항 외에 배출량 인증기준 및 인증절차 등에 관한 세부 사항은 관계 중앙행정기관의 장과의 협의를 거쳐 주무관청이 정하여 관보에 고시한다.

제34조(배출량 인증위원회) ① 법 제26조에 따른 배출량 인증위원회(이하 "인증위원회"라 한다)는 위원장 1명과 15명 이내의 위원으로 구성한다.

② 인증위원회의 위원장은 환경부차관이 되고, 위원은 다음 각 호의 사람이 된다.

1. 농림수산식품부, 지식경제부, 환경부, 국토해양부, 국무총리실, 산림청, 그 밖에 인증위원회의 위원장이 필요하다고 인정하는 관계 중앙행정기관의 고위공무원단에 속하는 공무원 중에서 해당 기관의 장이 지명하는 사람
2. 관련 산업계·연구계·학계 등에 속한 전문가 중에서 관계 중앙행정기관의 장의 추천을 받아 인증위원회의 위원장이 위촉하는 사람

③ 인증위원회는 다음 각 호의 사항을 심의·조정한다.

1. 법 제24조에 따라 할당대상업체가 보고한 명세서에 대한 법 제25조에 따른 적합성 평가 결과
2. 제39조에 따른 외부사업에 대한 타당성 평가 결과
3. 제40조에 따른 외부사업 온실가스 감축량에 대한 적합성 평가 결과
4. 그 밖에 법 제25조에 따른 배출량 인증 및 법 제29조에 따른 상쇄에 관한 전문적인 사항 중 인증위원회에서 의결한 사항

④ 인증위원회의 회의는 재적위원 과반수의 출석으로 개의하고, 출석위원 과반수의 찬성으로 의결한다.

⑤ 제1항부터 제4항까지에서 규정한 사항 외에 인증위원회의 구성 및 운영에 필요한 사항은 인증위원회의 의결을 거쳐 인증위원회의 위원장이 정한다.

제6장 배출권의 제출, 이월·차입, 상쇄 및 소멸

제35조(배출권의 제출) ① 할당대상업체는 법 제27조 제1항에 따른 배출권의 제출을 위하여 이행연도 종료일부터 6개월 이내(법 제38조 제1항 제5호에 따라 배출량의 인증에 대한 이의를 신청한 경우에는 이의신청에 대한 결과를 통보받은 날부터 10일 이내)에 다음 각 호의 사항이 포함된 배출권 제출 신고서(이하 이 조에서 "신고서"라 한다)를 주무관청에 제출하여야 한다.

1. 해당 할당대상업체의 배출권등록부 및 법 제31조에 따른 상쇄등록부(이하 "상쇄등록부"라 한다)의 등록번호
2. 법 제25조에 따라 인증받은 온실가스 배출량
3. 법 제28조 제2항에 따라 승인받은 배출권 차입량
4. 법 제29조 제3항에 따라 제출하려는 상쇄배출권의 수량

② 주무관청은 신고서를 제출받으면 그 내용을 검토하여 이상이 있는 경우 즉시 해당 할당대상업체에 해당 내용의 수정을 요구하거나 직권으로 이를 수정할 수 있다.

③ 주무관청은 제출받은 신고서를 검토하여 이상이 없는 경우 지체 없이 배출권등록부 및 상쇄등록부에 등록하고, 해당 할당대상업체의 배출권 거래계정에서 제24조 제5항 제3호의 배출권 거래계정으로 제출된 배출권을 이전하고 폐기한다.

④ 법 제27조 제1항에 따른 배출권 제출은 배출권 제출의무를 지는 온실가스 배출이 이루어진 이행연도분으로 할당된 배출권, 이전 이행연도에서 이월된 배출권 또는 다음 이행연도에서 차입한 배출권과 법 제29조 제3항에 따른 상쇄배출권으로만 제출할 수 있다.

제36조(배출권의 차입) ① 법 제28조 제2항에서 "대통령령으로 정하는 사유"란 법 제27조 제1항에 따른 배출권 제출 시 제출하여야 할 배출권의 수량보다 보유한 배출권의 수량이 부족하여 배출권 제출의무를 완전히 이행하기 곤란한 경우를 말한다.
② 법 제28조 제3항에 따른 배출권 차입의 한도는 법 제27조 제1항에 따라 해당 할당대상업체가 주무관청에 제출하여야 하는 배출권의 100분의 10으로 한다.

제37조(배출권 이월 및 차입의 절차) ① 법 제28조에 따라 배출권의 이월 및 차입을 하려는 할당대상업체는 법 제25조에 따라 온실가스 배출량을 인증받은 결과를 통보받은 날부터 10일 이내에 배출권 이월 또는 차입에 관한 신청서를 전자적 방식으로 주무관청에 제출하여야 한다.
② 할당대상업체가 아닌 자로서 배출권을 보유한 자는 이행연도 종료일에서 5개월이 지난 날부터 10일 이내에 보유한 배출권의 이월에 관한 신청서를 전자적 방식으로 주무관청에 제출하여야 한다.
③ 주무관청은 제35조 제1항에 따른 배출권 제출기한 10일 전까지 제1항 및 제2항의 신청에 대하여 검토하여 승인 여부를 결정하고, 지체 없이 그 결과를 해당 신청인에게 통보하여야 한다.

제38조(상쇄) ① 할당대상업체가 법 제29조 제1항에 따라 주무관청에 배출권 전환을 신청할 수 있는 외부사업 온실가스 감축량은 상쇄등록부에 등록된 내용의 사업범위에서 발생하여 인증된 온실가스 감축량으로 한정한다.
② 법 제29조 제2항에 따른 배출권 전환 기준은 제1항에 따른 외부사업 온실가스 감축량 1 이산화탄소상당량톤(tCO_2-eq)을 1 배출권으로 전환하는 것으로 한다.
③ 주무관청은 법 제30조 제1항 제2호에 따라 「기후변화에 관한 국제연합 기본협약에 대한 교토의정서」 제12조에 따른 청정개발체제 사업(할당대상업체의 사업장 안에서 시행된 사업을 포함하며, 이하 "청정개발체제 사업"이라 한다)을 통하여 확보한 온실가스 감축량을 인증하는

경우 중복판매 등으로 인한 부당이득을 방지하기 위하여 필요한 조치를 하여야 한다.
④ 법 제29조 제3항 후단에 따른 상쇄배출권의 제출한도는 법 제27조 제1항에 따라 해당 할당대상업체가 주무관청에 제출하여야 하는 배출권의 100분의 10 이내의 범위에서 할당계획으로 정한다. 이 경우 외국에서 시행된 외부사업에서 발생한 온실가스 감축량을 전환한 상쇄배출권은 상쇄배출권 제출한도의 100분의 50을 넘을 수 없다.
⑤ 상쇄배출권은 법 제29조 제3항에 따라 주무관청에 제출되거나 법 제28조에 따라 다음 이행연도로 이월되지 아니한 경우에는 각 이행연도 종료일부터 6개월이 경과하면 그 효력을 잃는다.

제39조(외부사업에 대한 타당성 평가 및 승인) ① 주무관청은 법 제30조 제1항에 따른 외부사업 온실가스 감축량 인증을 위하여 필요한 경우에는 외부사업에 대한 타당성 평가를 거쳐 외부사업을 승인할 수 있다.
② 외부사업을 하는 자가 제1항에 따른 외부사업 승인을 신청한 경우 주무관청은 해당 외부사업에 대하여 다음 각 호의 사항을 평가하고, 인증위원회의 심의를 거쳐 외부사업으로 승인한다. 이 경우 주무관청은 사업의 유효기간을 정하여 외부사업으로 승인할 수 있다.
1. 인위적으로 온실가스를 줄이기 위하여 일반적인 경영 여건에서 할 수 있는 활동 이상의 추가적인 노력이 있었는지 여부
2. 온실가스 감축사업을 통한 온실가스 감축 효과가 장기적으로 지속 가능한지 여부
3. 온실가스 감축사업을 통하여 계량화가 가능할 정도로 온실가스 감축이 이루어질 수 있는지 여부
4. 온실가스 감축사업이 제5항에 따른 고시에서 정하는 기준과 방법을 준수하는지 여부

③ 인증위원회는 제2항에 따라 외부사업에 대하여 심의할 때에는 다음 각 호의 사항을 고려하여야 한다.
1. 상쇄 실적의 지속성 및 정량화된 검증 가능성에 관한 사항

2. 상쇄 사업 추진방법 및 모니터링의 적절성에 관한 사항
④ 주무관청은 제2항에 따라 승인한 외부사업을 상쇄등록부에 등록하여 관리하여야 한다.
⑤ 제1항부터 제4항까지에서 규정한 사항 외에 외부사업의 유효기간 등 외부사업 승인기준 및 절차에 관한 세부 사항은 관계 중앙행정기관과의 협의를 거쳐 주무관청이 정하여 관보에 고시한다.
⑥ 법 제30조 제1항 제2호에서 "대통령령으로 정하는 사업"이란 청정개발체제 사업 및 이에 준하는 외부사업을 말하며, 해당 사업의 종류는 관계 중앙행정기관의 장과의 협의를 거쳐 주무관청이 정하여 관보에 고시한다.

제40조(외부사업 온실가스 감축량의 인증) ① 법 제30조 제2항에 따라 외부사업 온실가스 감축량을 인증받으려는 자는 신청서에 다음 각 호의 서류를 첨부하여 주무관청에 제출하여야 한다.
1. 외부사업 사업자가 작성한 감축량 모니터링 보고서
2. 검증기관의 검증보고서
3. 그 밖에 주무관청이 온실가스 감축량 인증에 필요하다고 인정하는 자료
② 주무관청은 제1항에 따른 신청을 받으면 제39조에 따른 외부사업 승인 시 검토한 사항 등을 고려하여 인증위원회의 심의를 거쳐 외부사업 온실가스 감축량을 인증한다.
③ 제1항 및 제2항에서 규정한 사항 외에 외부사업 온실가스 감축량 인증에 관한 세부 사항은 관계 중앙행정기관과의 협의를 거쳐 주무관청이 정하여 관보에 고시한다.

제41조(상쇄등록부의 관리 및 운영 등) ① 주무관청은 상쇄등록부를 외부사업 온실가스 감축량의 검증·인증 등을 위하여 지속적이며 체계적으로 관리될 수 있도록 전자적 방식으로 관리하여야 한다.
② 상쇄등록부에는 다음 각 호의 사항을 등록한다.
1. 외부사업의 계획서

2. 외부사업의 온실가스 감축량 인증 실적
3. 그 밖에 주무관청이 필요하다고 인정하여 관보에 고시한 사항
③ 상쇄등록부에 등록된 정보의 열람, 공개 및 수정 등에 관하여는 제9조 제2항, 제10조 및 제11조를 준용한다. 이 경우 "배출권등록부"는 "상쇄등록부"로, "배출권 거래계정을 등록한 자"는 "상쇄등록부에 외부사업을 등록한 자"로 본다.

제42조(과징금) ① 법 제33조 제1항에 따른 과징금 부과기준은 배출권 제출의무가 있는 이행연도의 배출권 평균 가격의 3배로 한다.
② 주무관청은 법 제27조에 따른 배출권 제출기한이 지나도록 법 제25조에 따라 인증된 온실가스 배출량만큼의 배출권을 제출하지 못한 할당대상업체에 과징금 부과사유, 예정금액 및 납부기한 등을 통보하고 10일 이상의 기간을 정하여 의견을 제출할 기회를 주어야 한다.
③ 주무관청은 제2항에 따른 의견 제출 기간 동안 할당대상업체가 의견을 제출하지 아니하였을 때에는 통보한 예정금액과 납부기한으로 해당 할당대상업체에 과징금을 부과한다.

제43조(과징금에 대한 가산금) 주무관청은 법 제34조 제1항에 따라 납부기한이 지난 날부터 1개월이 지날 때마다 체납된 과징금의 1천분의 12에 해당하는 가산금을 징수한다. 다만, 가산금을 가산하여 징수하는 기간은 60개월을 초과하지 못한다.

제7장 보 칙

제44조(금융상·세제상의 지원) ① 법 제35조 제1항에서 "대통령령으로 정하는 사업"이란 다음 각 호의 사업을 말한다.
1. 온실가스 감축 관련 기술·제품·시설·장비의 개발 및 보급 사업
2. 온실가스 배출량에 대한 측정 및 체계적 관리시스템의 구축 사업
3. 온실가스 저장기술 개발 및 저장설비 설치 사업

4. 온실가스 감축모형 개발 및 배출량 통계 고도화 사업
5. 부문별 온실가스 배출·흡수 계수의 검증·평가 기술개발 사업
6. 온실가스 감축을 위한 신재생에너지 기술개발 및 보급 사업
7. 온실가스 감축을 위한 에너지 절약, 효율 향상 등의 촉진 및 설비투자 사업
8. 그 밖에 온실가스 감축과 관련된 중요 사업으로서 할당위원회의 심의를 거쳐 인정된 사업

② 정부는 법 제35조 제1항에 따른 지원을 하는 경우 같은 조 제2항에 따른 중소기업이 하는 사업에 준하여 배출권 전부를 무상으로 할당받지 못하는 할당대상업체가 하는 사업을 우선적으로 지원할 수 있다.

제45조(배출권 거래 전문기관) ① 주무관청은 법 제36조 제2항에 따른 배출권 거래 전문기관(이하 "배출권 거래 전문기관"이라 한다)을 지정하는 경우 기본법 제45조에 따른 온실가스 종합정보관리체계와의 연계를 고려하여야 한다.

② 배출권 거래 전문기관은 다음 각 호의 업무를 수행한다.

1. 법 제24조에 따른 보고 및 검증에 관한 조사·연구
2. 법 제25조에 따른 배출량 인증 및 법 제30조에 따른 외부사업 온실가스 감축량 인증에 관한 조사·연구
3. 그 밖에 국제 탄소시장과의 연계를 위한 조사·연구, 기술개발 및 국제협력에 관한 업무

제46조(실태조사의 통보 등) ① 주무관청은 법 제37조에 따라 실태조사를 하는 경우에는 관계 중앙행정기관의 장에게 그 사실을 통보하여야 한다.

② 제1항에 따른 통보를 받은 관계 중앙행정기관의 장은 필요한 경우에는 실태조사를 공동으로 수행할 것을 주무관청에 요청할 수 있다. 이 경우 주무관청은 특별한 사유가 없으면 그 요청에 따라야 한다.

제47조(이의신청) 법 제38조 제1항에 따라 이의를 신청하는 자는 주무

관청에 처분의 내용 및 이의내용 등을 적은 이의신청서와 소명자료를 제출하여야 한다.

제48조(수수료) 법 제39조에 따른 수수료를 내야 하는 자는 제11조 제3항 및 제25조 제3항에 따른 고시에서 정하는 수수료를 주무관청에 내야 한다. 다만, 전산정보처리조직을 이용한 증명서 발급 및 배출권 거래계정 등록 신청에 대해서는 수수료를 면제할 수 있다.

제49조(권한의 위임 및 업무의 위탁) ① 주무관청은 법 제40조 제1항에 따라 배출권등록부 및 상쇄등록부의 관리·운영에 관한 권한을 종합정보센터의 장에게 위임한다.
② 주무관청은 법 제40조 제2항에 따라 법 제25조 제1항에 따른 적합성 평가에 관한 업무를 관계 중앙행정기관의 장과 협의하여 주무관청이 정하여 관보에 고시하는 바에 따라 다음 각 호의 기관에 위탁한다.
1. 「농촌진흥법」 제14조의2에 따른 농업기술실용화재단
2. 「에너지이용 합리화법」 제45조에 따른 에너지관리공단
3. 「한국환경공단법」에 따른 한국환경공단
4. 「교통안전공단법」에 따른 교통안전공단
5. 그 밖에 적합성 평가에 관한 업무를 수행할 수 있는 전문인력과 장비 등을 갖춘 기관으로서 주무관청이 정하는 기관

부 칙

제1조(시행일) 이 영은 공포한 날부터 시행한다.
제2조(배출권 거래계정의 등록에 관한 특례) ① 법 부칙 제3조에서 "대통령령으로 정하는 자"란 「한국산업은행법」에 따른 한국산업은행, 「중소기업은행법」에 따른 중소기업은행, 「한국수출입은행법」에 따른 한국수출입은행 및 「한국정책금융공사법」에 따른 한국정책금융공사를 말한다.

② 법 부칙 제3조에서 “대통령령으로 정하는 날”이란 2020년 12월 31일을 말한다.

제3조(외부사업 온실가스 감축량의 배출권 전환에 관한 특례) 제38조에도 불구하고 1차 계획기간과 2차 계획기간에는 외국에서 시행된 외부사업에서 발생한 외부사업 온실가스 감축량을 그에 상응하는 배출권으로 전환하여 줄 것을 신청할 수 없다.

별표 1

무역집약도 및 생산비용발생도(제14조 관련)

1. 무역집약도 = (해당 업종의 기준기간의 연평균 수출액 + 해당 업종의 기준기간의 연평균 수입액) / (해당 업종의 기준기간의 연평균 매출액 + 해당 업종의 기준기간의 연평균 수입액)

2. 생산비용발생도 = (해당 업종의 기준기간의 연평균 온실가스 배출량 × 기준기간의 배출권 가격) / 해당 업종의 기준기간의 연평균 부가가치 생산액

※ 비고

1. "기준기간"이란 매 계획기간 시작 5년 전부터 3년간을 말한다.
2. 기준기간의 배출권 가격은 기준기간의 국내외 배출권 가격 및 온실가스 감축을 위한 한계저감비용 등을 고려하여 할당계획에서 정한다.

별표 2

온실가스별 지구온난화 계수(제23조 제1항 관련)

온실가스의 종류		지구온난화 계수
이산화탄소(CO_2)		1
메탄(CH_4)		21
아산화질소(N_2O)		310
수소불화탄소(HFCs)	HFC-23	11,700
	HFC-32	650
	HFC-41	150
	HFC-43-10mee	1,300
	HFC-125	2,800
	HFC-134	1,000
	HFC-134a	1,300
	HFC-143	300
	HFC-143a	3,800
	HFC-152a	140
	HFC-227ea	2,900
	HFC-236fa	6,300
	HFC-245ca	560
과불화탄소(PFCs)	PFC-14	6,500
	PFC-116	9,200
	PFC-218	7,000
	PFC-31-10	7,000
	PFC-c318	8,700
	PFC-41-12	7,500
	PFC-51-14	7,400
육불화황(SF_6)		23,900

에너지열량환산기준(에너지기본법 제5조 제1항 관련)

1. 총발열량 기준

제품	단위	총발열량		석유환산계수
		kcal	MJ 환산	
원 유	kg	10,750	45.0	1.075
휘 발 유	ℓ	8,000	33.5	0.800
실 내 등 유	ℓ	8,800	36.8	0.880
보 일 러 등 유	ℓ	8,950	37.5	0.895
경 유	ℓ	9,050	37.9	0.905
B - A 유	ℓ	9,300	38.9	0.930
B - B 유	ℓ	9,650	40.4	0.965
B - C 유	ℓ	9,900	41.4	0.990
프 로 판	kg	12,050	50.4	1.205
부 탄	kg	11,850	49.6	1.185
나 프 타	ℓ	8,050	33.7	0.805
용 제	ℓ	7,950	33.3	0.795
항 공 유	ℓ	8,750	36.6	0.875
아 스 팔 트	kg	9,900	41.4	0.990
윤 활 유	ℓ	9,250	38.7	0.925
석 유 코 크	kg	8,100	33.9	0.810
부 생 연 료 1 호	ℓ	8,850	37.0	0.885
부 생 연 료 2 호	ℓ	9,700	40.6	0.970
천연가스(LNG)	kg	13,000	54.5	1.300
도시가스(LNG)	Nm^3	10,550	44.2	1.055
도시가스(LPG)	Nm^3	15,000	62.8	1.500
국 내 무 연 탄	kg	4,650	19.5	0.465
수 입 무 연 탄	kg	6,550	27.4	0.655

유연탄(연료용)	kg	6,200	26.0	0.620
유연탄(원료용)	kg	7,000	29.3	0.700
아 역 청 탄	kg	5,350	22.4	0.535
코 크 스	kg	7,050	29.5	0.705
전 력	kWh	2,150	9.0	0.215
신 탄	kg	4,500	18.8	0.450

비고: 1. "총발열량"이라 함은 연료의 연소과정에서 발생하는 수증기의 잠열을 포함한 발열량을 말함.

2. "석유환산계수"라 함은 에너지원별 열량을 석유환산톤(toe)으로 환산하기 위한 계수이며, toe(Ton of Oil Equivalent)는 원유1톤에 해당하는 열량으로 약 10^7kcal를 말함. 즉 1kg=10,000kcal

3. 최종에너지사용 기준으로 전력량을 환산하는 경우에는 1kWh=860kcal를 적용함.

4. 에너지원별 실측결과는 50kcal에서 반올림함.

5. 석탄의 발열량은 인수식 기준을 적용하여 측정함.

6. 1cal=4.1868J로 한다.

7. MJ=10^6J로 한다.

8. Nm^3은 0℃, 1기압 상태의 체적을 말함.

2. 순발열량 기준

제품	단위	순발열량		석유환산계수
		kcal	MJ 환산	
원 유	kg	10,100	42.3	1.010
휘 발 유	ℓ	7,400	31.0	0.740
실 내 등 유	ℓ	8,200	34.3	0.820
보 일 러 등 유	ℓ	8,350	35.0	0.835
경 유	ℓ	8,450	35.4	0.845
B - A 유	ℓ	8,750	36.6	0.875
B - B 유	ℓ	9,100	38.1	0.910
B - C 유	ℓ	9,350	39.1	0.935
프 로 판	kg	11,050	46.3	1.105
부 탄	kg	10,900	45.7	1.090
나 프 타	ℓ	7,450	31.2	0.745
용 제	ℓ	7,350	30.8	0.735
항 공 유	ℓ	8,200	34.3	0.820
아 스 팔 트	kg	8,350	39.1	0.835
윤 활 유	ℓ	8,650	36.2	0.865
석 유 코 크	kg	7,850	32.9	0.785
부 생 연 료 1 호	ℓ	8,350	35.0	0.835
부 생 연 료 2 호	ℓ	9,200	38.5	0.920
천연가스(LNG)	kg	11,750	49.2	1.175
도시가스(LNG)	Nm^3	9,550	40.0	0.955
도시가스(LPG)	Nm^3	13,800	57.8	1.380
국 내 무 연 탄	kg	4,600	19.3	0.460
수 입 무 연 탄	kg	6,400	26.8	0.640
유연탄(연료용)	kg	5,950	24.9	0.595
유연탄(원료용)	kg	6,750	28.3	0.675

아 역 청 탄	kg	5,000	20.9	0.500
코 크 스	kg	7,000	29.3	0.700
전 력	kWh	2,150	9.0	0.215
신 탄	kg	–	–	–

비고: 1. "순발열량"이라 함은 총발열량에서 수증기의 잠열을 제외한 발열량을 말함.

2. "석유환산계수"라 함은 에너지원별 열량을 석유환산톤(toe)으로 환산하기 위한 계수이며, toe(Ton of Oil Equivalent)는 원유1톤에 해당하는 열량으로 약 10^7kcal를 말함. 즉 1kg=10,000kcal

3. 최종에너지사용 기준으로 전력량을 환산하는 경우에는 1kWh=860kcal를 적용함.

4. 에너지원별 실측결과는 50kcal에서 반올림함.

5. 석탄의 발열량은 인수식 기준을 적용하여 측정함.

6. 1cal=4.1868J로 함.

7. MJ=10^6J로 함.

8. Nm^3은 0℃, 1기압 상태의 체적을 말함.

용어색인(국문)

ㅇ

ㅈ

ㅊ

ㅌ

ㅍ

ㅎ

용어색인(영문)

저자 약력

김태선
경제학 박사 수료
삼성투신(주) 투자공학팀
제일선물(주) 투자공학팀 팀장
현대선물(주) 금융공학팀 부장
파생상품선물거래상담사 출제위원
한국선물거래소 상품개발 실무위원
파생상품투자상담사
금융투자분석사
금융투자협회 강의
KAIST대학원 강의
고려대학교 대학원 강의
한국금융연수원 강의
(현) 카본시크릿 대표
글로벌탄소배출권연구소 소장
e-daily TV 출연
SBS-CNBC 출연
매일경제 TV 출연
[저서]
코스닥50 지수선물 투자전략(2001, 진리탐구), 주가지수옵션시뮬레이터(2001, 진리탐구), 탄소시장의 비밀(2009, 경문사)

이경재
교육공학 석사
(현) 매일경제 교육센터 선임연구원

에너지 · 탄소배출권 다이제스트

저자 김태선·이경재
펴낸이 한헌주
펴낸곳 도서출판 경문사
등록 1995년 11월 9일 제300-1995-138호
주소 서울특별시 서대문구 독립문로 21-9
전화 02)738-7035(대표)
팩스 02)722-4678
이메일 kmsp@korea.com
홈페이지 http://www.kmsp.co.kr
인쇄 2013년 1월 25일
발행 2013년 1월 31일

값 20,000원
ISBN 978-89-420-0776-9 93320